水源地生态补偿
理论与实践

曹永潇 著

中国水利水电出版社
www.waterpub.com.cn
·北京·

内 容 提 要

在国内外水生态补偿研究进展和实践经验的基础上，以黄河流域伊洛河上的故县水库为例，对水库水源地的生态补偿方案进行研究。本书分析了故县水库水源地生态补偿机制现状及存在问题，提出了故县水库水源地生态补偿的原则、依据和思路，确定了故县水库水源地生态补偿的实施范围和补偿主、客体，计算了以生态系统服务功能影响评估为上限和成本测算为下限的水源地水生态补偿标准，同时对水生态补偿方式、资金筹集、保障机制等进行了研究。

本书内容逻辑清晰，层次分明，深入浅出，可以为相关专业和行业的人员提供指导和使用。

图书在版编目（CIP）数据

水源地生态补偿理论与实践 / 曹永潇著. -- 北京：
中国水利水电出版社，2021.11
ISBN 978-7-5226-0184-7

Ⅰ．①水… Ⅱ．①曹… Ⅲ．①水库—水源地—生态环
境—补偿机制—研究 Ⅳ．①X52

中国版本图书馆CIP数据核字(2021)第221121号

书　　　名	**水源地生态补偿理论与实践** SHUIYUANDI SHENGTAI BUCHANG LILUN YU SHIJIAN
作　　　者	曹永潇　著
出 版 发 行	中国水利水电出版社 （北京市海淀区玉渊潭南路 1 号 D 座　100038） 网址：www.waterpub.com.cn E - mail：sales@waterpub.com.cn 电话：(010) 68367658（营销中心）
经　　　售	北京科水图书销售中心（零售） 电话：(010) 88383994、63202643、68545874 全国各地新华书店和相关出版物销售网点
排　　　版	中国水利水电出版社微机排版中心
印　　　刷	天津嘉恒印务有限公司
规　　　格	170mm×240mm　16 开本　8.75 印张　152 千字
版　　　次	2021 年 11 月第 1 版　2021 年 11 月第 1 次印刷
定　　　价	**52.00 元**

前　言

　　饮用水是群众生产生活的物质基础。保障饮用水安全直接关系到人的生命健康和社会和谐稳定，是全面建成小康社会的前提条件。保护饮用水水源地（以下简称水源地）是实现饮用水安全的关键环节，历来受到党中央、国务院、全国人大高度重视。黄河作为流域内外城市重要的水源，始终面临着保护和发展的难题：一方面，随着流域内经济的快速发展和城市规模的扩大，对安全、稳定的水资源供给服务的需求急剧上升；另一方面，水源地所在区域社会经济发展水平相对落后，当地政府和群众的发展需求日益迫切。这大幅度增加了水源地保护和管理的难度。生态补偿以保护生态环境、促进人与自然和谐发展为目的，它作为调整生态环境保护和建设相关者之间利益关系的环境经济手段，被广泛视为解决水源地保护和发展难题的重要途径。

　　2019 年，"黄河流域生态保护与高质量发展"上升到重大国家战略层面，对流域内生态提出了更高的要求。为此，河南省财政厅、生态环境厅、水利厅、林业局于 2020 年 12 月印发了《河南省建立黄河流域横向生态补偿机制实施方案》，明确实施范围为沿黄十市，具体包括郑州、开封、洛阳、安阳、鹤壁、新乡、焦作、濮阳、三门峡、济源示范区，探索建立河南省区域内黄河流域横向生态补偿机制，通过"保护责任共担、流域环境共治、生态效益共享"，进一步完善提升黄河河南段生态环境治理体系和治理能力，推动黄河流域生态保护和高质量发展，让黄河成为造福河南人民的"幸福河"。

　　故县水库位于河南省洛宁县故县镇、黄河支流洛河中游，距洛阳市 165km。工程以防洪为主，兼有灌溉、发电和工业供水等综合效益。2014 年，河南省人民政府将故县水库调整为饮用水水源地，并修建故县引水工程，为洛阳市、洛宁县、宜阳县供水。2016 年，故县水库上游卢氏县 2016 年被纳入全国重点生态功能区。成为城市水源地后，故县水库上游的生态环境保护工作日益重要，水库的水质将直接关系到受水区人民饮水安全。故县水库库区和上游地区为更好地保护水库水质，需要在国土空间开发中限制进行大规模高强度工业与城镇开发，在经济与社会发展中，存在着有保护责任、有治理要求、有限制性法规而无补偿机制、项目资金短缺的矛盾，这严重影响了库区和库区上游卢氏县地方经济的可持续发展，构建长效生态补偿机制就成为维护故县水库生态功能的关键。

故县水库水源地生态保护工作涵盖水库上游（河南省卢氏县）、水库库区（卢氏县、洛宁县）、水源地保护区（洛宁县）、引水工程、受水区（洛宁县、宜阳县、洛阳市）等，利益相关主体众多，具有鲜明的代表性和典型性。因此，本书以故县水库水源地为研究对象，对黄河流域水库水源地的生态补偿方案进行探讨，以期为丰富黄河流域水源地生态补偿相关理论做出贡献。本书共分 9 章，其中，第 1 章介绍了书稿撰写的背景、研究内容、技术路线及关键技术问题；第 2 章介绍了国内外生态补偿的案例、国内法律法规政策、研究进展等；第 3 章在分析黄河流域生态补偿现状及存在问题的基础上，构建了水源地生态补偿总体框架；第 4 章介绍了故县水源地生态补偿工作的现状及存在问题；第 5 章介绍了故县水库水源地水生态补偿机制建设的总体要求；第 6 章计算并确定了水生态补偿标准的上限和下限；第 7 章介绍了故县水库水源地生态补偿的方式和资金筹集方式；第 8 章介绍了生态补偿制度实施的保障机制；第 9 章对水源地生态补偿机制的建立提出了相关建议。

本书的编写，参考和引用了有关著述和文献的论述，在此表示衷心的感谢！

由于作者水平有限，书中缺点和错误在所难免，恳请读者批评指正。

作者

2021 年 8 月

目 录

第1章 绪 论

1.1 背景

饮用水是人们生产生活的物质基础。保障饮用水安全直接关系到人的生命健康和社会和谐稳定，是全面建成小康社会的前提条件。保护饮用水水源地（以下简称水源地）是实现饮用水安全的关键环节，历来受到党中央、国务院、全国人大的高度重视。

2005 年，党的十六届五中全会《关于制定国民经济和社会发展第十一个五年规划的建议》首次提出，按照"谁开发谁保护、谁受益谁补偿"的原则，加快建立生态补偿机制。2005 年国务院办公厅印发了《关于加强饮用水安全保障工作的通知》（国办发〔2005〕45 号），要求严格实施饮用水水源保护区制度，合理确定饮用水水源保护区，强化水源地保护。2007 年，《国家发展改革委办公厅关于建立和完善生态补偿机制的部门分工意见的通知》（发改办农经〔2007〕914 号）提出落实建立和完善我国生态补偿机制的工作目标，急需深入开展水生态补偿的调查研究工作。2011 年中央 1 号文件提出要"加强水源地保护，依法划定饮用水水源保护区，强化饮用水水源应急管理，建立水生态补偿机制。"党的十八大报告明确要求建立反映市场供求和资源稀缺程度、体现生态价值和代际补偿的资源有偿使用制度和生态补偿制度。2014 年中央 1 号文件进一步强调要建立"重要水源地生态补偿机制"。2014 年水利部制定出台的《水利部关于深化水利改革的指导意见》（水规计〔2014〕48 号），进一步强调要"建立重要水源地生态补偿机制"。2015 年 4 月 2 日，国务院印发的《水污染防治行动计划》（国发〔2015〕17 号）第八条第二十四项"保障饮用水水源安全"，要求从水源到水龙头全过程监管饮用水安全。第五条充分发挥市场机制作用中提出"实施跨界水环境补偿。探索采取横向资金补助、对口援助、产业转移等方式，建立跨界水环境补偿机制，开展补偿试点。"水源地作为人民生活、生产用水的源头，在供水用水过程中处在敏感脆弱的环境中，一旦受到污染，用水安全的各个环节都会受到影响，面临严重威胁。因此水源地生态补偿是水环境补偿的重中之重。2015 年 9 月 11 日，中共中央政治局会议审议通过《生态文明体制改革总体方案》，提出要健全资源有偿使用和生态补偿制度。2016 年 4 月，《国务院办公厅关于健全生态保护补偿机制的意见》（国办发〔2016〕31 号）要求在江河源头区、集中式饮用水水源地以及具有重要饮用水源或重要生态功能的湖泊全面开展生态保护补偿，适当提高补偿标准，多渠道筹措资金，加大生态保护补偿力度，将对水源地的生态补偿提到了新的高度。2017 年党的十九大报告中将"建立市场化、多元化生态补偿机制"上升为"加快生态文明体制改革，建设美丽中国"的内容之一。

生态补偿作为一种水源地保护的经济手段，其目的是调动水源地生态建设与保护者的积极性，是促进水源保护的利益驱动机制、激励机制和协调机制的综合体。黄河是中国北部大河、中国第二长河，更是西北和华北地区的重要水源。长期以来，黄河流域水源地保护工作一直受到党中央、国务院及水利部高度重视。《全国水资源综合规划（2010—2030）》和《黄河流域综合规划》等明确"加强集中式饮用水水源地保护，保障供水安全""建立黄河流域生态保护协同机制和水生态补偿机制。"《全国城市饮用水安全保障规划》也明确提出，按照"谁受益、谁补偿"的原则，探索建立受益地区对水源保护区的生态补偿机制。随着"黄河流域生态保护与高质量发展"上升为重大国家战略层面，黄河流域生态保护迎来了新的重大战略机遇。

黄河作为流域内外城市重要的水源，不仅要按照最严格水资源管理加强饮用水水源保护，开展重要饮用水水源地安全保障达标建设，更要构建水源地管理与保护的长效机制。本书以黄河流域支流伊洛河的故县水库为例，对水库水源地的生态补偿方案进行研究。故县水库水源地生态保护工作涵盖上游汇水区、水库库区、水源地保护区、受水区等，利益相关主体众多。水源地的设立一方面对上游汇水区提出了更高的水质要求，另一方面划定的保护区域又限制了当地经济的发展，对库区原有的渔业、旅游、发电等产生了影响。水生态补偿机制的建立是化解流域上下游矛盾，促进流域和谐发展、可持续发展的重要途径。开展故县水库水源地水生态补偿试点方案的编制是促进建立健全生态保护补偿机制的有益尝试，是贯彻国家法律法规、方针政策的有关精神的具体行动，对协调区域可持续发展，推进流域高质量发展、建设生态文明等都具有极其重要的意义。

1.2 研究任务

本次研究的主要任务包括：

1）国内外水生态补偿研究进展和实践经验总结；

2）黄河流域水生态补偿机制现状调查及存在问题分析；

3）故县水库水源地生态补偿主体和客体研究；

4）故县水库水源地水生态补偿标准测算研究；

5）故县水库水源地生态补偿的内容与方式研究；

6）保障措施研究。

1.3 工作内容

（1）国内外水生态补偿研究进展和实践经验总结。收集国内外水生态补偿实践案例和法律法规政策颁布现状，并对国内外水生态补偿研究开展情况及其发展趋势进行分析。

（2）黄河流域水生态补偿机制现状调查及存在问题分析。对黄河流域水生态补偿的现状及存在问题进行分析，提出在黄河流域进行水源地生态补偿的必要性。

（3）故县水库水源地生态补偿主、客体研究。补偿主体和对象的确定有两个关键点，一是确定补偿主、客体，二是确定补偿主、客体的范围。故县水库水源地水生态补偿的主、客体的确定首先要梳理与供水、防洪、灌溉、发电相关的所有利益相关者，再逐步确定补偿主、客体及补偿范围。故县水库水源地的补偿主体应包括政府补偿主体和市场补偿主体，政府补偿主体包括受益区人民政府；市场补偿主体指的是水源地保护的受益者，主要包括用水的工商企业、城市居民等。补偿客体是指对谁进行补偿，包括为故县水库水源地的水环境保护和水污染治理做出了贡献的政府、企业、单位、个人和其他组织。补偿主体的范围是对故县水库供水有较高水量水质要求的受益区用水户，补偿客体的范围是故县水库水源地库区及上游地区。

（4）故县水库水源地水生态补偿标准测算研究。生态补偿标准测算是要解决补多少的问题，它是保证生态补偿机制公平性和可行性的重要环节。通过调查与结果统计等多种手段，了解各方切实的利益和补偿需求，并结合基于生态系统服务功能价值的补偿标准、基于生态保护建设总成本的补偿标准、基于机会成本的补偿标准等方法，提出故县水库水源地的生态补偿标准。

（5）故县水库水源地生态补偿的内容与方式研究。生态补偿方式主要有资金补偿、转移支付、实物补偿、项目补偿、产业补偿、技术和智力补偿等。在对不同生态补偿方式研究的基础上，结合故县水库实际，提出故县水库水源地水生态补偿的内容和方式。

（6）保障措施研究。从法规建设、组织领导、监督监管和宣传教育等方面，提出保障故县水库水源地水生态补偿机制实施的多项措施。

1.4 技术路线及关键技术问题

1.4.1 技术路线

根据本书主要研究工作内容，拟采取以下技术路线开展研究工作，具体技术路线图见图 1.1。

（1）资料收集。收集国内水生态补偿相关文献资料，编制完成工作大纲，为开展本研究工作提供基础。

（2）典型调研。开展故县水库水源地生态补偿调研，掌握了解故县水库水源地水生态补偿现状。

（3）分析研究。在确定故县水库补偿范围的基础上，研究测算故县水库水源地生态补偿标准，分析补偿方式和补偿资金筹集办法，并对保障机

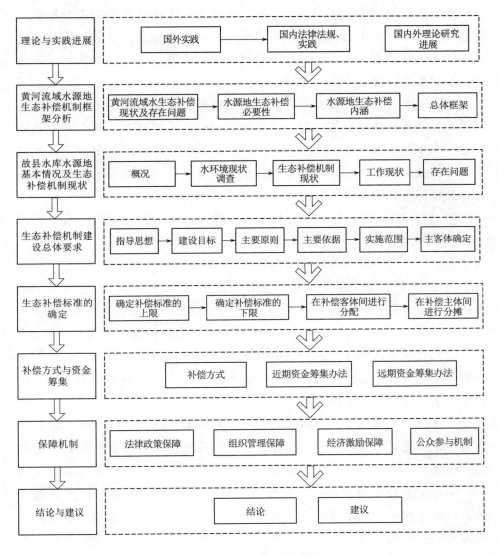

图 1.1　技术路线图

制进行了分析研究。

1.4.2　关键技术问题

本书的关键技术问题是确定补偿的主体和客体、确定补偿的标准以及确定补偿的方式。

（1）生态补偿主、客体研究。生态补偿主、客体就是解决谁补偿谁的问题，主要依据水生态环境损益对象来确定。主要难点在于补偿主、客体和内容的选取是否合适，补偿范围的选取是否合理，补偿主、客体对补偿内容和对象的认知是否统一等。

（2）生态补偿标准及测算方法。水生态补偿就是解决生态补偿额度的问题，它是保证生态补偿机制公平性和可行性的重要环节，是生态补偿的核心。水生态补偿标准关系到补偿的效果和补偿者的承受能力。只有科学、合理地制定出生态补偿的标准，水生态补偿机制才能顺利构建。目前生态补偿标准计算与测算中主要存在以下问题：

1）生态补偿量是应该按照水资源的损失量还是价值量来计算，即部分认为"补偿"是相对"损失"而言的，应该只计算生态损失量；部分认为"补偿"应全面反映生态环境的价值。

2）生态补偿量采用的计量和测算方法没有明确统一，能适用于实际工作的成熟计量方式还没有形成。

3）部分计算出的生态补偿标准偏高，未考虑到补偿主体的承受能力。

因此，在本次研究中，测算出的水生态补偿标准应包括生态建设与保护成本和水资源生态服务价值两部分，前者是作为水生态补偿的下限，后者作为水生态补偿的上限。

在水生态补偿标准上下限确定以后，还需要考虑到补偿主体的经济承受能力、水量、水质等状况，由补偿主体和客体建立起协商机制，最终确定补偿额。

（3）生态补偿方式研究。水生态补偿就是政府和水生态保护受益地区，对由于保护水生态系统而丧失发展机会的地区，给予政策、资金、实物等形式的补偿，目的是建立公平合理的激励机制，使整个流域或地区发挥最大效益。目前，水生态补偿的方式主要有两大类，即政府补偿和市场补偿，且以政府补偿为主。党的十九大要求"建立市场化、多元化生态补偿机制"，因此，在现有补偿方式的基础上，应对市场化的补偿方式进行进一步研究。

市场补偿又称直接补偿，是受益主体根据享受到的水资源和水生态，结合其经济发展水平以及支付意愿而提供的补偿，是当前生态补偿机制创新的方向。其表现形式是具体的受益对象对生态供给者的直接补偿，属于一种点对点的补偿形式。

补偿主体的多元化和补偿机制的市场激励性等都是市场补偿的特点，但其实施难度较大，需要先确定补偿的主体和客体，然后需要就补偿标准和补偿形式进行谈判协商，是一个反复多次、甚至很难达到统一的过程。

第2章　水生态补偿研究进展与实践经验

2.1　国内外实践

2.1.1　国际实践

国际对于水生态补偿的研究相对较早。1972 年，联合国第一次人类环境会议发出警告："水，将导致严重的社会危机"，并将 1981—1990 年作为"国际饮用水供给和卫生十年"，提出人人都有根据其基本需要得到保质保量用水的权利，旨在告诫决策者意识到水在国民健康和国家经济发展中的重要性，并促进和加强公共机构对水资源的管理；1995 年，世界银行就全球面临的水资源问题提出警告。由于饮用水质量标准日趋严格，国际上对水源地的保护也越加重视，涉及水源地的研究工作相继展开。水源地生态补偿在许多国家的农业、林业等专门的政策法规中得到了体现，如美国的生态环保补偿机制是渗透在各行业单行法里，他们认为农业是影响水源地生态环保的最重要的因素之一，其农业法案大部分内容都是就生态环保问题对农业的资金补偿。在水生态补偿实践方面，德国、美国、厄瓜多尔、日本、荷兰等国家均有成功范例，见图 2.1。

2.1.1.1　生态补偿案例

1. 德国

（1）转移支付。德国是欧洲开展生态补偿比较早的国家之一。资金到位、核算公平是德国补偿机制最大的特点。其中，资金支出主要是横向转移支付，即通过一整套复杂的计算及确定转移支付的数额标准，由富裕地区直接向贫困地区转移支付。换言之，它是通过横向转移改变地区间既得利益格局，实现地区间公共服务水平的均衡。其支付基金由两部分构成，

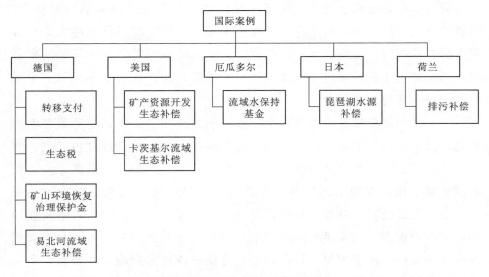

图 2.1 生态补偿的国际案例

一是扣除划归各州 25% 的销售税后，将剩余 75% 按各州居民人数直接分配至各州；二是按照统一标准计算，财政充足州分拨给财政短缺州的补助金。

（2）生态税。为了节约能源和提高能源利用率，大力发展可再生能源，保护气候与环境，创造更多的就业机会，德国从 1999 年起实施了生态税改革，即采取"燃油税"附加的方式，收取"生态税"。其主要目标是通过征收生态税，使化石燃料对气候和环境所造成的危害的治理成本内部化，即治理费用纳入消费者购买化石燃料产品的价格中。并将大部分生态税收入用来补充职工养老金，使企业养老金费率降低，从而起到降低雇主雇员劳动成本、增加就业的目的。此外，还可以减少石油消耗，降低能耗和二氧化碳排放。

德国生态税[1] 的主要内容包括：①对矿物油加收生态税。1999—2003 年，先后 5 次对汽油、柴油加收生态税，累计每 L 加收 15.35 欧分。从 2001 年 11 月起，对含硫量超过 50mg/L 的汽油、柴油每升加收生态税，从 2003 年 1 月起，又将含硫量标准调整为 10mg/L。②对天然气加收生态税。1999 年和 2003 年，两次对燃用液化气加收生态税，累计每 L 加收 3.48 欧分。③对电加收生态税。1999—2003 年，先后 5 次对电加收生态税，每度电累计加收 2.05 欧分。

通过实施生态税制改革，降低了能源消耗，促进了能源结构的优化，改善了空气环境，并创造了一定的就业岗位。虽然生态税收的绝大部分都用于降低社会保障缴纳比例[2]，但德国每年从可再生能源领域征收的生态税，都全部用于资助可再生能源的进一步投资，这在社会上形成了一个重要红利——环境改善效应。

（3）矿山环境恢复治理保护金。德国的采矿法、矿产资源法等都明确规定：采矿企业在申报开矿计划的同时必须把采矿后的土地复垦计划、复垦方向、资金渠道等一并报批，否则不允许开矿。采矿停止后两年内必须完成复垦工作，否则不再发放采矿许可证。复垦资金来源一般有 4 种渠道，①由采矿公司出资存入银行作复垦费用，专款专用；②由采矿所在地的地方政府根据土地复垦的实际情况，提供部分复垦经费补贴；③由联邦政府在预算中列入专项复垦资金；④地方集资或社会捐赠一些资金。由于德国的采煤企业大体分为国有和私有两种，所以国有企业由国家或地方政府拨给复垦资金，私有企业由企业自身提供复垦经费。

（4）流域生态补偿。德国流域生态补偿的典型案例是易北河生态补偿。易北河贯穿两个国家，捷克在上游，德国在中下游。1980 年前从未开展流域整治，水质日益下降。20 世纪 90 年代初，德国和捷克为长期改良农用水灌溉质量，保持易北河流域生物多样，成立了由两国专业人士共同参加的双边合作组织，分别制定了短期、中期、长期目标。1991 年的工作目标是：制定并落实近期整治计划；易北河上游水质污染程度降低；筹集拟建的 7 个国家公园的启动资金。2000 年的工作目标是：易北河上游的水质经过滤后符合饮用水标准；河内有害物质达标，河水可用于农用灌溉；不影响捕鱼业，河内鱼类能达到食用标准。2010 年的工作目标是：使易北河淤泥可作为农业用料；使生物品种多样化。

易北河流域治理的经费来源包括：①排污费，居民和企业的排污费统一交给污水处理厂，污水处理厂按一定的比例保留一部分后上交国家环保部门；②财政贷款；③下游对上游的经济补偿；④研究津贴等。2000 年，为建设捷克与德国交界的城市污水处理厂，德国环保部提供了 900 万马克资助捷克政府，实现了互惠互利。

经过 30 多年的治理，目前易北河水质已经大大改善，基本达到饮用水标准，社会效益、经济效益明显；两岸流域建立了占地 1500m² 的 7 个国家公园,设立了 200 个自然保护区,禁止在保护区内建房、办厂或从事集约农业等影响生态保护的活动;在三文鱼绝迹多年的易北河中投放鱼苗并取得了可喜的成绩。

2. 美国

美国生态补偿案例最典型的有两类:一类是矿产资源开发生态补偿,另一类是流域生态补偿。具体如下。

(1) 矿产资源开发生态补偿。美国的矿山土地复垦、环境恢复治理工作一直走在世界前列。20 世纪 30 年代初,美国 26 个州先后制定了露天采矿与矿山土地复垦和环境恢复治理相关的法规。1977 年,美国联邦颁布了矿山土地复垦和环境恢复治理史上一个划时代的法律,即《露天采矿管理与恢复(复垦)法》。该法规定,开采许可证申请得到批准但尚未正式颁发以前,申请人必须先交纳复垦保证金,或由银行、保险公司担保,承担担保责任。保证金的数额根据许可证所批准的复垦要求确定,可因各采矿区的地理、地质、水文、植被的不同而有差异,其数额以前 5 年破坏面积的环境恢复费用为标准,每公顷土地为 1500~4000 美元。该保证金是在采矿者不履行复垦计划时用来支付复垦作业的费用,每一个许可证所呈交的保证金不得少于 1 万美元,分三个阶段完成复垦且验收合格后予以返还,每个阶段返还的比例分别为 60%、25% 和 15%,且每个阶段都规定了严格的验收标准。保证金的计算方法采用全成本法,包括购置复垦设备的费用等。

(2) 流域生态补偿。美国政府承担了流域生态补偿的大部分资金投入。然而,为加大流域上游地区对生态保护工作的积极性,也采取了一些补偿机制,即由流域下游受益区的政府和居民向上游地区做出环境贡献的居民进行货币补偿。在补偿标准的确定上,美国政府借助竞标机制和遵循责任主体自愿的原则来确定与各地自然和经济条件相适应的租金率,这种方式确定的补偿标准实际上是不同责任主体与政府博弈后的结果,化解了许多潜在的矛盾。

美国生态补偿实践的典型代表是纽约市与上游卡茨基尔流域(位于特拉华州)之间的清洁供水交易。1989 年美国环保局要求,所有来自地表水的城市供水,都要建立水的过滤净化设施,除非水质能达到相应要求。经估算,纽约市建立新的过滤净化设施的总费用至少为 63 亿美元,含投资最低费用 60 亿美元（最高 80 亿美元）和最低的年运行费用 3 亿元（最高 5 亿美元）。如果在 10 年内，向上游卡茨基尔流域投入 10 亿～15 亿美元，就可改善流域内的土地利用和生产方式，使水质达到要求。最终，纽约市决定通过投资购买上游卡茨基尔流域的生态环境服务。

政府决策确定后，水务局通过协商确定流域上下游水资源与水环境保护的责任与补偿标准；通过对用水户征收附加税、发行纽约市公债及信托基金等方式筹集补偿资金，补贴上游地区的环境保护主体，以激励他们采取有利于环境保护的友好型生产方式，从而改善卡茨基尔流域的水质。

3. 厄瓜多尔

1998 年在基多市成立了流域水保持基金。基金的资金收自于用水费，具体有以下来源：MBS—Cangahua 灌区、流域下游农户、水电公司 HCJB、Papallacta 温泉、基多市政水务公司（交纳水销售额的 1%）以及国家和国际补充资金。流域水保持基金用于保护上游 40 万 hm² 的 Cayambe - Coca 流域的水土，以及上游的 Antisana 生态保护区，这些区域有 2.7 万居民。具体的活动包括购买生态敏感区土地、为上游居民提供替代的生计方式、农业最佳模式示范、教育和培训。该水保基金交由一个公司（Enlace Fondos）来运作，公司设有理事会，成员来自地方社区、水电公司、保护区管理局、地方非政府组织以及政府部门。流域水保持基金独立于政府，但和政府的生态环境保护项目相配合。基金项目交由专业机构去实施，运用参与式方法运作。按照水保基金条例规定，基金的管理费用不得超过总费用的 10%～20%。

4. 日本

日本在早期就迫切地感到建立水源区利益补偿制度的需要。在 1972 年，日本制定了《琵琶湖综合开发特别措施法》，这在建立对水源区的综合利益补偿机制方面开了先河。在 1973 年制定的《水源地区对策特别措施法》中，则把这种做法变为普遍制度而固定下来。日本的水源区所享有的利益补偿共由 3 部分组成：①水库建设主体以支付搬迁费等形式对居民的直接经济补偿；②依据《水源地区对策特别措施法》采取的补偿措施；③通过"水源地区对策基金"采取的补偿措施。

5. 荷兰

1969 年，荷兰河流水域中有机污染物的含量非常高，从生物学角度来看，许多河流已变成了"死亡"之河。此时，荷兰的工业企业及家庭的污水排放总量达 4000 万 PE（人口当量，即在一个普通荷兰家庭中，平均每人每年向下水道及河流中排放的有机污染物数量），同时，工业企业的重金属污染物排放量也达到了危险水平。1970 年，荷兰政府颁布了《地表水污染防治法》，禁止没有排污执照的企业或个人向地表水层中排放污水，同时，对排污企业或个人征收排污费。法令规定，工业企业需缴纳重金属污染物排放费，此外，政府还会根据各个社会部门的污染物排放量收取相应的排污费用。工业企业对排污费的反应最为强烈，1969—1990 年，其每年的有机污染物排放量从 3300 万 PE 降至 880 万 PE。荷兰通过颁布法令，实行排污费政策，切实解决了污染物治理的资金"瓶颈"问题。对于不同家庭、不同类型的企业，采取区别对待的政策，有针对性地遏制了污染物的排放，有效地实现了水污染的防治。

2.1.1.2　国际水生态补偿分析

国外对生态补偿的做法各有侧重，欧洲、北美等发达国家拥有雄厚的经济实力，研究的重点在于补偿金的有效配置，以使得生态补偿的投入能获得最大的经济效益。目前，很多国家正致力于建立各种生态服务市场来提高生态补偿的实施效率，世界范围内也出现了多种形式的经济激励机制，为我国生态补偿机制的建立提供了参考依据。

国外成功的水生态补偿成功的案例还有很多，如哥斯达黎加的生态补偿实践；加拿大格兰德河采用定向补偿准确地划定了补偿客体，使被补偿者更加明确等。总体讲，这些成功的生态补偿案例有四个特点：①公共财政手段和市场手段结合；②通过公共交易、私人交易和生态标记等方式实现补偿付费；③补偿方式透明、开放、自由、灵活；④有相应的法律制度保障和相关的政策配套支撑。

由前述案例分析可知，各国在生态补偿的实践中采取的有效方法需结合其政治制度、经济制度和社会背景衡量，且其适用范围需考虑其前提条件的制约。国际上许多国家重视政府与市场两个方面的作用，既考虑水资源的公共产品属性和政府在提供安全水源方面的公共服务职能，又对水资源的经济属性和经济价值给予充分的关注。这为我国构建水源地水生态机制提供了经验借鉴。因各国政治制度、经济制度、社会背景的较大差异，在借鉴国外经验时需根据各方面的客观条件，分析、总结针对不同条件的成功做法，选择适合我国水生态补偿政策的做法。

2.1.2　国内法律法规政策

2.1.2.1　国家层面

（1）《中华人民共和国环境保护法》中的生态补偿制度。2014 年 4 月 24 日第十二届全国人民代表大会常务委员会第八次会议修订通过的《中华人民共和国环境保护法》，明确将推进生态文明建设作为环境保护法的立法目的之一，体现了我国建设生态文明的新理念和新要求。《中华人民共和国环境保护法》第三十一条规定"国家建立、健全生态保护补偿制度。国家加大对生态保护地区的财政转移支付力度。有关地方人民政府应当落实生态保护补偿资金，确保其用于生态保护补偿。国家指导受益地区和生态保护地区人民政府通过协商或者按照市场规则进行生态保护补偿。"这是第一次在环境保护基本法中确立生态补偿制度，使我国生态补偿制度进入法制化的道路，意义重大。

（2）《中华人民共和国水污染防治法》中的相关规定。2017 年修订的《中华人民共和国水污染防治法》是为了保护和改善环境，防治水污染，保护水生态，保障饮用水安全，维护公众健康，推进生态文明建设，促进经济社会可持续发展而制定的法律，自 2018 年 1 月 1 日起施行。新修订的《中华人民共和国水污染防治法》第一章第八条规定"国家通过财政转移支付等方式，建立健全对位于饮用水水源保护区区域和江河、湖泊、水库上游地区的水环境生态保护补偿机制"，该条规定的提出为水资源的生态补偿制度提供了法律依据。

（3）《关于开展生态补偿试点工作的指导意见》中的生态补偿制度。2007 年 8 月，原国家环保总局在《关于开展生态补偿试点工作的指导意见》（环发〔2007〕130 号）中，提出要探索建立自然保护区、重要生态功能区、矿产资源开发和水环境保护等重点领域的生态补偿机制。其中，对探索建立水环境保护的生态补偿制度方面提出 3 个方面。

1）建立流域生态补偿标准体系。各地应当确保出境水质达到考核目标，根据出入境水质状况确定横向赔偿和补偿标准。重点流域跨省界断面水质标准，依据国家《"十一五"水污染物总量削减目标责任书》确定；其他流域跨界断面水质标准，参照有关区域发展规划和重点流域跨界断面水质标准，并结合区域生态用水需求评估确定。补偿标准应当依照实际水质与目标水质标准的差距，根据环境治理成本并结合当地经济社会发展状况确定。积极维护饮水安全，研究各类饮用水源区建设项目和水电开发项目对区域生态环境和当地群众生产生活用水质量的影响，开展饮用水源区生态补偿标准研究。

2）促进合作，推动建立流域生态保护共建共享机制。搭建有助于建立流域生态补偿机制的政府管理平台，促进流域上下游地区协作，采取资金、技术援助和经贸合作等措施，支持上游地区开展生态保护和污染防治工作，引导上游地区积极发展循环经济和生态经济，限制发展高耗能、重污染的产业。引导下游地区企业吸收上游地区富余劳动力。支持流域上下游地区政府达成基于水量分配和水质控制的环境合作协议。试点地区要积极探索当地居民土地入股等补偿方式，支持生态保护成本的直接负担者分享水电开发收益等流域生态保护带来的经济效益。

3）推动建立专项资金。加强与有关各方协调，多渠道筹集资金，建立促进跨行政区的流域水环境保护的专项资金，重点用于流域上游地区的环境污染治理与生态保护恢复补偿，并兼顾上游突发环境事件对下游造成污染的赔偿。建立专项资金的申请、使用、效益评估与考核制度，促进全流域共同参与流域水环境保护。

（4）《生态文明体制改革总体方案》中的生态补偿制度。2015 年 9 月 11 日，中共中央政治局会议审议通过的《生态文明体制改革总体方案》，在"一、生态文明体制改革的总体要求"中提出生态文明体制改革的目标是"到 2020 年，构建起由自然资源资产产权制度……资源有偿使用和生态补偿制度……生态文明绩效评价考核和责任追究制度等八项制度构成的产权清晰、多元参与、激励约束并重、系统完整的生态文明制度体系""构建反映市场供求和资源稀缺程度、体现自然价值和代际补偿的资源有偿使用和生态补偿制度，着力解决自然资源及其产品价格偏低、生产开发成本低于社会成本、保护生态得不到合理回报等问题"。

在"六、健全资源有偿使用和生态补偿制度"中，提出加快资源环境税费改革、完善生态补偿机制等。

1）加快资源环境税费改革。理顺自然资源及其产品税费关系，明确各自功能，合理确定税收调控范围。加快推进资源税从价计征改革，逐步将资源税扩展到占用各种自然生态空间，在华北部分地区开展地下水征收资源税改革试点。加快推进环境保护税立法。

2）完善生态补偿机制。探索建立多元化补偿机制，逐步增加对重点生态功能区转移支付，完善生态保护成效与资金分配挂钩的激励约束机制。制定横向生态补偿机制办法，以地方补偿为主，中央财政给予支持。鼓励各地区开展生态补偿试点，继续推进新安江水环境补偿试点，推动在京津冀水源涵养区、广西广东九洲江、福建广东汀江-韩江等开展跨地区生态补偿试点，在长江流域水环境敏感地区探索开展流域生态补偿试点。

（5）《国务院办公厅关于健全生态保护补偿机制的意见》中的水源地生态补偿。2016 年 4 月，《国务院办公厅关于健全生态保护补偿机制的意见》（国办发〔2016〕31 号）印发，要求各省（自治区、直辖市）按照党中央、国务院决策部署，不断完善转移支付制度，探索建立多元化生态保护补偿机制，逐步扩大补偿范围，合理提高补偿标准，有效调动全社会参与生态环境保护的积极性，促进生态文明建设迈上新台阶。到 2020 年，实现森林、草原、湿地、荒漠、海洋、水流、耕地等重点领域和禁止开发区域、重点生态功能区等重要区域生态保护补偿全覆盖，补偿水平与经济社会发展状况相适应，跨地区、跨流域补偿试点示范取得明显进展，多元化补偿机制初步建立，基本建立符合我国国情的生态保护补偿制度体系，促进形成绿色生产方式和生活方式。

其中规定在水流领域的重点任务是"在江河源头区、集中式饮用水水源地、重要河流敏感河段和水生态修复治理区、水产种质资源保护区、水土流失重点预防区和重点治理区、大江大河重要蓄滞洪区以及具有重要饮用水源或重要生态功能的湖泊，全面开展生态保护补偿，适当提高补偿标准。加大水土保持生态效益补偿资金筹集力度。（水利部、环境保护部、住房城乡建设部、农业部、财政部、国家发展改革委负责）"。

《国务院办公厅关于健全生态保护补偿机制的意见》明确了将推进 7 个方面的体制机制创新：

1）建立稳定投入机制，多渠道筹措资金，加大保护补偿力度。

2）完善重点生态区域补偿机制，划定并严守生态保护红线，研究制定相关生态保护补偿政策。

3）推进横向生态保护补偿，研究制定以地方补偿为主、中央财政给予支持的横向生态保护补偿机制办法。

4）健全配套制度体系，以生态产品产出能力为基础，完善测算方法，加快建立生态保护补偿标准体系。

5）创新政策协同机制，研究建立生态环境损害赔偿、生态产品市场交易与生态保护补偿协同推进生态环境保护的新机制。

6）结合生态保护补偿推进精准脱贫，创新资金使用方式，开展贫困地区生态综合补偿试点，探索生态脱贫新路子。

7）加快推进法治建设，不断推进生态保护补偿制度化和法制化。

（6）《关于加快建立流域上下游横向生态保护补偿机制的指导意见》中的流域生态补偿。2016年，财政部、环境保护部、国家发展改革委、水利部等4部委发布了《关于加快建立流域上下游横向生态保护补偿机制的指导意见》（财建〔2016〕928号）政策文件，要求充分调动流域上下游地区的积极性，加快形成"成本共担、效益共享、合作共治"的流域保护和治理长效机制。主要工作内容包括：明确补偿基准、科学选择补偿方式、合理确定补偿标准、建立联防共治机制、签订补偿协议等。

（7）《支持引导黄河全流域建立横向生态补偿机制试点实施方案》中的横向生态补偿。2020年4月，财政部、生态环境部、水利部和国家林草局印发了《支持引导黄河全流域建立横向生态补偿机制试点实施方案》（财资环〔2020〕20号）政策文件，要求沿黄九省，于2020—2022年开展试点，探索建立黄河全流域横向生态补偿标准核算体系，完善目标考核体系、改进补偿资金分配办法，规范补偿资金使用。

2.1.2.2　地方政策

水生态补偿作为最典型的生态补偿类型在我国多个流域已开展试点工作，在实践方面进行了积极探索。各地在推进生态补偿试点中，也相继出台了流域、自然保护区等方面的政策性文件。

2002年，《广东省东江水系水质保护条例》第17条明确规定"省人民政府应当每年从财政预算中安排东江水系水质保护专项资金，用作上、中游水系水质保护经费。水质保护经费的使用管理办法由省人民政府规定"。2005年6月广东省出台了《东江源区生态环境补偿机制实施方案》，规定从2005—2025年，由广东省每年从东深供水工程水费中安排1.5亿元资金用于源区生态环境保护。

2017 年，浙江省财政厅会同省环保厅、省发展改革委和省水利厅等 4 部门发布了《关于建立省内流域上下游横向生态保护补偿机制的实施意见》（浙财建〔2017〕184 号），建立了省内流域上下游横向生态保护补偿机制。

为加快推进江西省国家生态文明试验区建设，建立合理的生态补偿机制，加强江西省流域水环境治理和生态保护力度，2018 年，江西省人民政府印发了《江西省流域生态补偿办法》（赣府发〔2018〕9 号），适用于江西省境内流域生态补偿，主要包括鄱阳湖和赣江、抚河、信江、饶河、修河等 5 大河流，以及九江长江段和东江流域等。以省对县（市、区）行政区划单位为计算、考核和分配转移支付资金的对象，涉及全省范围内 100 个县（市、区）。采取整合国家重点生态功能区转移支付资金和省级专项资金，设立全省流域生态补偿专项资金。实行各级政府共同出资，社会、市场募集资金等方式，并视财力情况逐步增加，努力探索建立科学合理的资金筹集机制。

2016—2017 年，安徽省先后发布了《关于健全生态保护补偿机制的实施意见》（皖政办〔2016〕37 号）、《安徽省地表水断面生态补偿暂行办法》（皖政办秘〔2017〕343 号）等政策法规，按照"谁超标、谁赔付，谁受益、谁补偿"的原则，在全省建立以市级横向补偿为主、省级纵向补偿为辅的地表水断面生态补偿机制。2018 年修改的《江苏省太湖水污染防治条例》中也存在关于流域生态补偿的规定，第十八条规定"交界断面水质未达到控制目标的，责任地区人民政府应当向受害地区人民政府作出补偿。补偿资金可以由省财政部门直接代扣。具体办法由省人民政府制定"。

2005—2008 年，浙江省先后发布《于进一步完善生态补偿机制的若干意见》（浙政发〔2005〕44 号）。《钱塘江源头地区生态环境保护省级财政专项补助暂行办法》（浙政办函〔2006〕31 号）。《浙江省生态环保财力转移支付试行办法》（浙政办发〔2008〕12 号）等规范性文件。

2018 年修改的《江苏省太湖水污染防治条例》等地方性法规中也存在关于流域生态补偿的规定。

福建省从 2003 年就开始在闽江、九龙江、晋江等流域开展生态补偿试点，目前三大流域均已建立生态补偿机制。此外，山西、江苏、河北、河南、湖南、海南、辽宁、西藏等省（自治区）均出台了相关规范性文件，积极开展生态补偿试点工作。

2.1.3 国内实践

国内对水生态补偿的研究起步相对较晚，最早始于 20 世纪 90 年代。我国浙江、北京、广州、上海、云南等地区也已在前期流域生态补偿的基础上，开展了水源地水生态补偿的实践探索。国内有关水源地生态补偿的实践，按照补偿范围可以分为 3 类：①以水源保护为目标进行流域上下游间的生态补偿，如新安江流域生态补偿[3]、汾河水库水生态补偿机制[4]等；②跨界引水工程的生态补偿，如横跨多个省区的南水北调工程等；③对部分水库水源地进行生态补偿，如贵州省红枫湖水库[5] 等。

2.1.3.1 生态补偿案例

1. 浙江新安江模式

新安江干流总长 359km，近 2/3 在安徽境内，经黄山市歙县街口镇进入浙江境内。1959 年，新安江水库开始蓄水，新安江的下游河段就变成拥有众多岛屿的千岛湖。千岛湖既是浙江省重要的饮用水水源地，也是整个长三角地区的战略备用水源；既发挥着重大的水利、水力、旅游功能，又承担着作为大型湿地所特有的调节小气候、降解污染、维护生物多样性等生态功能。千岛湖超过 68％的水源来自新安江，新安江水质的优劣很大程度上决定了千岛湖的水质好坏，关乎长三角的民生饮水安全。

新安江流域上游安徽黄山区域内经济发展水平低，政府希望发展经济和改善百姓收入，要求下游对其流域环境治理、社会发展机会成本均给予经济补偿；下游浙江杭州经济发展水平高，更关注生态环境安全，认为上游地区本来就有责任和义务将新安江水质保护好，确保入浙江境内水质良好。如何统筹兼顾上下游的利益，破解经济发展与环境保护之间的困境，确保流域生态安全，成为摆在上下游面前的一道难题。

2007 年，财政部、环境保护部开始持续关注新安江流域问题，并多次组织皖浙两省进行了不同层面的沟通磋商、深入调研，研究建立生态保护补偿机制，其间对若干个解决方案进行了探讨。财政部、环境保护部联合印发了《新安江流域水环境补偿试点实施方案》，明确了试点工作目标、任务、保障措施等。

在两部门推动下，两省分别于 2012 年、2016 年、2018 年签订生态保护补偿协议，先后启动三期共 9 年试点工作，建立起跨省流域横向生态保护补偿机制。两省以水质"约法"，首轮试点（2012—2014 年）设置补偿基金每年 5 亿元，其中中央财政 3 亿元、浙皖两省各出资 1 亿元。本着奖优罚劣的渐进式补偿模式，明确以两省省界断面全年稳定达到考核的标准水质为基本标准。如果监测水质优于基本标准，浙江省的 1 亿元拨付给安徽省；若监测水质低于基本标准或新安江安徽省界内出现重大水污染事故，则安徽省的 1 亿元拨付给浙江省，但无论出现上述何种情况，中央财政资金全部拨付给安徽省。

第二轮试点（2015—2017 年）中央资金总额保持不变，浙皖两省的补偿资金由每省每年出资 1 亿元提高至每省每年出资 2 亿元。2017 年底，两轮试点结束。评估显示，2012—2017 年新安江上游流域水质总体为优，保持为Ⅱ类或Ⅲ类，千岛湖水质总体稳定保持为Ⅱ类，营养指数由中营养转变为贫营养，水质变差的趋势得到扭转。

第三轮试点（2018—2020 年）两省每年继续出资 2 亿元，并继续争取中央资金支持。第三轮试点进一步优化水质考核指标，在水质考核中加大总磷、总氮的权重，氨氮、高锰酸盐指数、总氮和总磷 4 项指标的权重分别由原来的各 25％调整为 22％、22％、28％、28％；提高水质稳定系数，由第二轮的 89％提高到 90％，引导安徽方加大水质治理力度；深化拓展补偿机制，在货币化补偿的基础上，增加了探索多元化的补偿方式以及上下游之间加强相互监督、联防联治等内容，进一步提高了上游地区水环境治理和水生态保护的积极性。

浙江新安江模式实现了生态效益和经济效益同步提升，提供了上下游互利共赢的新模式，为促进流域上下游经济社会协调发展开拓了全新路径。在新安江流域生态保护补偿的试点基础上，桂粤九洲江、闽粤汀江—韩江、冀津引滦入津、赣粤东江、冀京潮白河以及省份众多、利益关系复杂的长江流域等横向生态保护补偿机制纷纷建立起来，为全国横向生态保护补偿实践提供了良好的示范和经验。

2. 密云、官厅水库生态补偿

密云水库和官厅水库是北京市主要的地表水源地，承担了全市绝大部分的供水，为保障首都的供水安全发挥了重要作用。两个水库的水源地大部分位于河北省的张家口和承德市。密云水库集水面积 15788km²，其中

北京市 $3135km^2$，承德 $6107km^2$，张家口 $6546km^2$，即密云水库集水面积的 80％在河北省。官厅水库集水面积 $43000km^2$ 的，相当于永定河流域总集水面积的 92.8％，张家口境内面积 $17662km^2$，包括 4 区 8 县，约占整个流域面积的 42％。

1995 年以来，在京冀地区之间开展了多层次、多形式的水资源利用合作和生态补偿项目，与河北省的承德市和张家口市进行水资源合作，建立了北京市水资源协调小组，并安排了专项资金用于支持密云、官厅两库上游张家口、承德地区水资源环境治理合作项目，包括农业节水、水污染治理、小流域治理、生态水源林、稻改旱等。

1995—2002 年给上游承德地区每年提供 208 万元用于水资源保护和建设，其中丰宁 108 万元，滦平 100 万元。2005 年 10 月北京市与河北省的张家口市、承德市分别成立了水资源环境治理合作协调小组，制定了《北京市与周边地区水资源环境治理合作资金管理办法》，资金管理办法实施期限为 5 年，2005—2009 年，北京市每年安排 2000 万元资金，用于支持张承地区水资源保护项目。

2006 年 10 月，北京市与河北省在京举行经济与社会发展合作座谈会，并签署了《加强经济与社会发展合作备忘录》，合作内容包括交通基础设施建设、水资源和生态环境保护、能源开发、产业调整、产业园区、农业、旅游、劳务市场、卫生事业等 9 个方面，包括实施稻改旱项目。备忘录为解决京冀间流域生态补偿开辟了途径，也为建立省际间流域生态补偿机制奠定了基础。

密云、官厅水库生态补偿主要体现在以下 3 个方面：①生态水源保护林工程建设和实施森林保护合作项目，2009—2011 年，北京市安排资金 1 亿元，支持河北省丰宁、滦平、赤城、怀来 4 县营造生态水源保护林 20 万亩；安排资金 3500 万元，支持河北省丰宁、怀来等 9 县进行森林防火基础设施建设和设备配置；安排资金 1500 万元，支持河北省三河、涿州、玉田等 12 县（市、区）进行林业有害生物防治设施建设和设备购置。②稻改旱工程，自 2007 年起，实施密云水库上游"退稻还旱"工程。潮河流域上游的丰宁、滦平两县，20 个乡镇全部停止种植水稻，退稻改旱面积 7 万多亩，北京市政府按照每亩 450 元标准，共补助"退稻还旱"实施区农民资金 3195 万元。2008 年以后，补偿标准提高到 560 元/亩。③开展水资源环境治理合作，北京市每年安排水资源环境治理合作资金 2000 万元，支持密云、官厅两库上游张家口、承德两市治理水环境污染、发展节水产业。

3. 东江流域的水生态补偿

东江是珠江流域的三大水系之一，流域面积 32275km²，干流长度523km，其流域内年均水资源总量达到 331.1 亿 m³，并直接肩负着东莞、广州、深圳及香港的用水。东江发源于江西省南部，位于江西寻乌、安远和定南三县的东江源区则被誉为香港和珠三角的"生命之源"。取水东江的东深供水工程是 20 世纪 60 年代为解决香港饮用水困难而兴建的，东深供水工程每天供水量超过 800 万 m³，年供水能力为 24.23 亿 m³，其中供给香港 11 亿 m³。

2003 年江西省人大常委会通过了具有法律效力的《关于加强东江源区生态环境保护和建设的决定》，明确了省、市和县三级政府在生态保护工作中的职责，要求采取加大森林资源保护和加大水资源保护力度等系列措施，在两年内基本遏制源区生态环境恶化的趋势，到 2010 年源区生态环境特别是水环境质量明显改善，出省水质达国家Ⅱ类标准。

2005 年出台的《东江源生态环境补偿机制实施方案》，明确从 2006 年开始，广东每年从东深供水工程水费中拿出 1.5 亿元资金交付上游，用于东江源区生态环境保护。

4. 珊溪水库水生态补偿

温州市珊溪水利枢纽是浙江省供水受益人数最多、规模最大的大型集中式饮用水水库，列入《全国重要饮用水水源地名录》，是温州人民的"大水缸"。早在 2004 年，温州市政府就组织市有关部门开展生态补偿政策调研，提出了温州市建立生态补偿机制的初步意见，此后温州市生态补偿工作有条不紊开展，建立了指导综合性文件和专项资金管理办法相结合的生态补偿体系，生态补偿工作逐步规范化、制度化，取得的主要成绩如下。

（1）构建了水生态补偿机制的雏形。温州市水生态补偿机制建设主要是针对珊溪水库和泽雅水库的饮用水源地水生态补偿，其中以珊溪水库为主。温州市不仅开展了水生态补偿资金的实践，也重视在发展中优先考虑库区、财政适度倾斜等政策补偿。近年来，通过不断实践，在水生态补偿机制建设上取得了明显的进步，出台了《温州市人民政府关于建立生态补偿机制的意见》（温政发〔2008〕52 号），《温州市生态补偿专项资金使用管理暂行办法》（温政发〔2009〕28 号）、《温州市人民政府关于进一步做好珊溪水源保护与转产转业帮扶工作的若干意见》（温政发〔2014〕29 号）等一系列政策文件，各县（市、区）也开展了生态补偿机制建设的尝试和实践，初步探索出一套具有地方特色的水生态补偿机制体系雏形。

（2）水生态补偿资金来源逐步多样化。温州市通过扩大了水生态补偿资金来源渠道，完善了水生态补偿的资金筹集方式。从 2011 年起，温州市加大财政转移支付力度，市财政提高了水生态补偿预算安排资金额度，由每年 3500 万元提高到 5000 万元；供水受益区域财政各安排专项资金 500 万元；增大排污费收取比例，市财政收取的排污费提取比例由原先的 10% 提高到 20%；提高库区水源保护费，库区水源保护费从 0.05 元/m³ 调整为 0.12 元/m³；以及投入珊溪库区环境整治专项资金和珊溪库周群众生产发展扶持资金等。

（3）水生态补偿范围逐步扩大。2007 年开始正式启动珊溪库区环境整治工程，整治范围涉及瑞安、文成、泰顺 3 个县（市），实现珊溪（赵山渡）水库集雨区的全覆盖，重点开展了垃圾固废整治、生活污水整治、畜禽粪便污染整治、露天粪坑整治、化肥农药污染整治。2011 年实施的《温州市生态补偿专项资金使用管理办法》（温政办〔2011〕48 号）明确生态补偿专项资金目前重点支持珊溪（赵山渡）水库和泽雅水库集雨区生态补偿，规定将库区群众生活补偿逐步纳入生态补偿专项资金使用范围，2011 年开始，将珊溪（赵山渡）水库饮用水源保护区涉及行政村群众的新型农村合作医疗保险纳入生态补偿专项资金使用范围，让库区群众直接享受到生态保护的成果。

5. 上海市水源地生态补偿机制

上海市在建立健全生态补偿机制工作过程中，先从建立基本农田、公益林、水源地的生态补偿机制入手，逐步扩大范围、完善方式、健全机制。为推动饮用水水源保护区生态建设和社会经济的和谐发展，2009 年上海市对黄浦江上游水源保护区所涉的青浦、松江、金山、奉贤、闵行、徐汇、浦东 7 个区县进行了生态补偿，补偿资金为 1.85 亿元。2010 年《上海市饮用水水源保护条例》颁布实施，市政府确定了青草沙、黄浦江上游、陈行、崇明东风西沙 4 个将长期保留的水源地，划定和调整了饮用水水源保护区范围。2010 年的水源地生态补偿范围在 2009 年的基础上进一步扩大，受补偿区县增加到 9 个，即四大饮用水水源保护区所在的青浦、松江、金山、奉贤、闵行、徐汇、浦东、宝山、崇明等区县全部纳入补偿范围，补偿资金在 2009 年的基础上大幅度提高，达到 3.74 亿元。

2009 年以来，上海市持续推进饮用水水源地生态补偿，建立和完善生态补偿制度，对上海市饮用水水源保护工作产生了重要的推动作用，保证了水源保护区所在地区环境基础设施的完善和绿色发展，产生了良好的社会影响。

2.1.3.2　典型省（自治区、直辖市）补偿机制

近年来国内水生态补偿实践的日益增多，其中福建省、浙江省、江苏省等多个地区开展的水生态补偿机制较为典型，具体如下。

1. 福建省

福建省是我国最早提出建立水源地生态补偿机制并付诸实践的省份，2003 年即开始推行水源地生态补偿机制。2015 年福建省制定了《重点流域生态补偿办法》（闽政〔2015〕4 号），对闽江、九龙江等流域进行生态补偿。重点流域生态补偿金主要是从流域范围内市、县政府及平潭综合实验区管委会获取，积极争取政府和中央的财政资金，逐步加大流域生态补偿力度。重点流域生态补偿金，按照水环境综合评分、森林生态和用水总量控制三类因素统筹分配至流域范围内的市、县。为鼓励上游地区更好地保护生态和治理环境，为下游地区提供优质的水资源，因素分配时设置的地区补偿系数上游高于下游。各市、县政府要制定补偿资金使用方案，将资金落实到具体项目，并在每年年底将补偿资金使用情况报送省财政厅、发展改革委，同时接受审计监督。

2. 浙江省

浙江省是第一个以较系统的方式全面推进生态补偿实践的省份，2005 年 8 月，浙江省政府颁布了《关于进一步完善生态补偿机制的若干意见》（浙政发〔2005〕44 号），确立了建立生态补偿机制的基本原则，即"受益补偿、损害赔偿、统筹协调、共同发展、循序渐进、先易后难、多方并举、合理推进"原则，在具体实施中采取了分级实施的工作思路，即省级政府主要负责实施跨区域的八大流域的生态补偿问题，市、县等分别对区

域内部生态补偿问题开展工作。2018年2月，浙江省四部门发布了《关于建立省内流域上下游横向生态保护补偿机制的实施意见》（浙财建〔2017〕184号），提出以权责对等，合理补偿为原则，着力于推进流域上下游之间的相互补偿，不再单一依靠中央、省级财政给予的纵向补偿资金，以流域上下游县（市、区）政府作为责任主体，通过自主协商，建立"环境责任协议制度"，通过签订协议明确各自的责任和义务，建立了省内流域上下游横向生态保护补偿机制。

3. 山东省

为达到南水北调沿线的水质标准，山东省在南水北调黄河以南段及省辖淮河水域实施了一系列水源治理与保护的政策和与之相配套的生态补偿措施。自2006年山东省开始实施水资源生态补偿财政政策试点，项目的实施从水资源的污染治理方面展开，包括建设人工湿地、建设污水处理厂、流域综合治理、关闭或外迁企业、污水深度处理和深度处理再提高工程、支持企业使用新技术治污等水资源生态保护项目。这些项目以生态补偿的手段达到治理水污染、改善水环境生态的目的。

4. 江苏省

江苏省办公厅于2007年底出台印发了《江苏省环境资源区域补偿办法（试行）》和《江苏省太湖流域环境资源区域补偿试点方案的通知》（苏政办发〔2007〕149号），在江苏省太湖流域选择跨行政区域的主要入太湖河流开展试点，率先在太湖流域推行环境资源区域补偿制度，以推进太湖流域水环境综合治理，改善太湖主要入湖河流的水质。2014年10月1日起，江苏省政府办公厅实施了《江苏省水环境区域补偿实施办法（试行）》（苏政办发〔2013〕195号），要求根据"谁达标，谁受益，谁超标，谁补偿"的原则，经考核与确认，实行"双向补偿"，即对水质未达标的市、县予以处罚，对水质受上游影响的市、县予以补偿，对水质达标的市、县予以奖补。上游市、县出境的监测水质低于断面水质目标的，由上游市、县按照低于水质目标值部分和省规定的补偿标准向省财政缴纳补偿资金，通过省财政对下游市、县进行补偿。

5. 宁夏回族自治区

2017年7月，宁夏回族自治区六部门联合印发《关于建立流域上下游横向生态保护补偿机制的实施方案》，明确流域上下游市级政府按照"谁获益，谁补偿""谁污染，谁赔偿"的原则，推进建立流域上下游横向生态保护补偿机制。按照方案，2017—2018 年先行开展黄河宁夏过境段流域上下游横向生态保护补偿试点工作，2019 年全面推开流域上下游横向生态保护补偿工作，2020 年全区流域上下游横向生态保护补偿机制基本建立。

6. 重庆市

2018 年 5 月，重庆市政府印发《重庆市建立流域横向生态保护补偿机制实施方案（试行）》，提出 2020 年前，在龙溪河、璧南河等 19 条流域面积 500km² 以上且跨两个或多个区县的次级河流建主横向补偿机制。流域横向生态保护补偿机制基本的制度设计是：河流的上下游区县签订协议，以交界断面水质为依据双向补偿，水质变差、上补下，水质变好、下补上。生态保护，关键在形成合力，为此，重庆出台了"三奖"政策。其中，对建立流域保护治理联席会议制度、形成协作会商、联防共治机制的，一次性奖 200 万元。对上下游区县有效协同治理、水环境质量持续改善的，在安排转移支付时倾斜。

2.2　研究进展

国际对于水生态补偿的研究相对较早，与生态补偿近似的概念是生态服务付费[6-9]（pay for ecosystem services，PES），定义为基于买卖双方共同原则的交易，其中，受益人从服务提供商处购买明确的生态系统服务，前提是供应商必须保护生态以确保资源提供，采用市场化的操作方式，以解决生态服务的外部性。国内学者更倾向于用 ecological compensation 来描述生态补偿。我国关于生态补偿的研究和实践始于 20 世纪 90 年代初期，21 世纪以来，流域和水源地生态补偿逐渐成为热点。

饮用水水源是社会经济发展及人民生产生活的基础性资源，由于饮用水质量标准日趋严格，我国对水源地的保护也愈加重视，涉及水源地保护的研究工作相继展开，建立了从饮用水水源取水口至保护区乃至整个流域范围，基于水质及水源保护区社会经济活动与行为管控两个维度，不同级别保护区水质目标及管理措施差异化的管理体系[10]。水源地生态补偿在许多国家的农业、林业等专门的政策法规中得到了体现，如美国的生态环保补偿机制是渗透在各行业单行法里，他们认为农业是影响水源地生态环保的最重要的因素之一，其农业法案大部分内容都是就生态环保问题对农业的资金补偿。

流域上游对水资源进行资金投入保护时，流域上下游都是受益方，需要承担相应的水资源服务价值费用；水源地库区在承担引水任务后，原有的旅游、发电、渔业等会受到影响，承受损失；保护区在特别的管控措施下，错失了很多的经济发展机会。事实上，经济发展滞后导致利益相关者的生活得不到改善，与社会发展不协调，影响社会稳定，也间接影响到水源的保护。可持续发展理论的兴起，为管控下的上游和保护区内的生态环境保护和社会经济发展提供了理论支撑。为实现水源地经济的可持续发展和生态文明建设，需要建立和完善生态补偿机制，以生态补偿实现生态环境保护区内环境保护与经济社会的均衡协调，即在充分发挥生态补偿提高生态环境保护水平的同时，也充分促进经济效益、社会效益的提高。李浩等[11]通过比较分析流域内生态调水与跨流域调水在受工程影响、水权转移形式、涉及的利益主体关系、生态补偿主导部门、生态补偿核算标准等方面的特征，提出了以区域水权为理论基础，以生态补偿客体、补偿标准、补偿形式以及补偿保障体系为主要内容的跨流域调水生态补偿机制框架。李建等[12]对长江流域水库型水源地生态补偿研究，重点分析了水价调节类、跨界断面水质考核类和混合类3种类型水源地的具体特点和适用条件，并构建了长江流域水库型水源地生态补偿总体框架。

2.2.1　生态补偿主、客体的界定

生态补偿主、客体的界定对于科学合理地制定生态补偿标准、创新生态补偿方式具有重要意义，是开展生态补偿工作的先决条件。国内外学者[13-20]从破坏和受益的角度、保护和减少破坏的角度以及法律的角度对水源地生态补偿主、客体的界定进行了研究，虽然不同地区的水源地其生态补偿的主体和客体不尽相同，但界定范围逐渐明晰。

将补偿主体界定为生态环境的破坏者和受益者，将补偿客体界定为生态环境的保护建设者、利益受损者和减少破坏者，是目前学者们普遍认同的。邓明翔[13]以滇池流域为例，认为水源区生态补偿主体应该包括所有对滇池造成污染的单位或个人，以及从滇池取水的、经营旅游等受益者；补偿客体则是滇池湿地的建设者、维护者和清理者，同时还强调政府及其

相关职能部门应当承担起补偿主体和协调监督的责任。石利斌[14] 通过对官厅水库水源地的分析，认为生态补偿的主体不仅包括对水源地水质造成污染的群体，还应包括为从官厅水库水源地保护中受益的群体，如中央政府、下游的北京市和怀来县。李森等[15] 以清水海水源区为研究对象，认为补偿主体是国家、受水区的企业和居民，客体是水资源和生态环境的保护者，以及牺牲发展机会的企业和居民。王爱敏等[16] 将中央政府和中下游的政府、用水单位、居民以及企业作为补偿主体，将水源地保护区当地政府、土地利用者、居民和企业作为补偿客体。李建等[12] 将受水区水业公司、水用户和市区政府作为水源地生态补偿的主体，将水源区的群众、企业和乡镇政府、下游区的利益受损者作为生态补偿的对象。

部分学者[17,19-20] 将水源地保护区作为补偿客体，由受益者对其进行补偿。张君等[18] 针对南水北调中线工程，将核心水源区湖北省十堰市作为补偿的客体，将受水区河南省、河北省、北京市、天津市作为补偿的主体。常书铭[19] 将汾河水库上游以上的流域面积（山西省将其全部划定为水源地保护区）作为补偿客体，由流域下游生态受益者对其进行补偿。Shen N et al.[20] 认为水源地生态保护区是水源地生态保护的补偿客体。

2.2.2　生态补偿标准

补偿标准的确定是生态补偿研究的核心与难点，国内外学者研究[21-36] 并提出了众多生态补偿标准的计算方法，通过不同计算方法得出的补偿结果不尽相同。

国内外学者主要从生态系统服务功能价值法、生态保护总成本法、水质水量保护目标核算法、水资源价值法、支付意愿法和生态足迹法等方向对流域范围内的生态补偿标准进行了研究与探索，研究逐渐从政策性等宏观研究转入到运用数学等工具进行定量化研究阶段。此外，国内学者更倾向于根据不同的方法确定补偿标准的上下限等。刘玉龙等[21] 从直接和间接两个方面对生态建设与保护的总成本进行汇总，并引入水量分摊系数、水质修正系数和效益修正系数以计算生态补偿量。阮本清等[22] 指出绝大多数流域根据投入与效益估算补偿标准，其中投入方面核算流域水资源和生态保护的各项投入，以及因水源地保护而受限制发展造成的损失；效益方面，则估算保护投入在经济、社会、生态等方面产生的外部效益。徐大伟等[23] 首次尝试应用"综合污染指数法"进行流域生态补偿的水质评价，并提出跨区域流域生态补偿量的计算模型，将流域水体行政区界河流水质和水量指标设定为生态补偿测算的综合指标值中。耿涌等[24] 引入水足迹理论和方法界定流域水足迹内涵，通过反映流域沿岸各区域水生态服务耗费情况判断分析水生态系统安全状态，提出流域生态补偿标准计量流程及测算模型。机会成本能够衡量生态资源保护建设者的保护总成本，因此学者们也认为应在补偿标准的计算中予以重点考虑。Kosoy et al.[25] 通过美国中部三个环境付费项目的对比发现，实际的补偿标准均低于机会成本，并认为在生态补偿中还会存在着环境和社会目标之间的权衡，因此其对环境的改善和农村的发展方面作用有限。Thu Thuy P et al.[26] 认为补偿标准的计算应以补偿客体的实际机会成本为依据，这种情况下补偿效率最高。王军锋等[27] 根据流域环境功能保护需求的差异，将流域生态补偿实践划分为一般流域水污染控制生态补偿和水源地保护生态补偿两种基本模式，指出一般流域水污染控制生态补偿基于考核断面的水质确定补偿标准，主要在省际之间进行；而水源地保护生态补偿则依据环境治理成本进行资金补偿，主要是下游用水行政区域对水源地所在行政政府的生态补偿。

水源地作为流域的有机构成部分，其生态补偿必然要建立在流域补偿的视角之下。当前的研究主要集中于调水水源地和水库水源地的补偿。

Munoz-Pinac et al.[28] 以墨西哥为研究对象，以用水户作为补偿主体，对森林所有者进行生态补偿，指出应根据水文价值最高地区不砍伐森林的机会成本确定补偿标准，认为补偿标准应介于补偿客体的机会成本和补偿主体的收益之间。江中文[29] 利用机会成本法、费用分析法和水资源价值法3种方法对南水北调中线工程汉江流域水源保护区生态补偿标准进行计算，认为水资源价值法计算得出的结果比较合适。毛占锋[30] 以南水北调中线工程水源地安康为例，运用支付意愿法、机会成本法、费用分析法定量评估了跨流域调水水源地生态补偿的标准，认为基于费用分析法的补偿标准较能真实反映水源地生态保护的价值。王彤等[31] 以大伙房水库为例，分别从供给方和需求方的角度建立了水库流域生态补偿标准测算体系，该体系对基于水库上游水源涵养区生态系统服务功能、生态保护建设总成本和基于下游用水城市意愿支付价格的补偿标准进行了比较分析，最终确定令双方都能接受的价格来作为补偿标准的依据。Shen N et al.[20] 选择具有成本和生态价值的生态服务为依据计算生态补偿标准，并引入效率修正系数对生态标准进行修正。李维乾等[32] 以新安江为研究对象，构建基于改进的 Shapley 值的 DEA 合作博弈模型，以水量水质作为模型的输入参数，以国民经济效益利生态环境用水效益作为输出参数，对上游生态建设与保护成本进行分摊，使整个流域的效益达到最大值。

确定生态补偿量的目的是为生态补偿机制的建立提供科学依据，但是生态补偿量的计算结果往往过大，在实际支付过程中不可操作，因而失去了原本的意义。Moreno-Sanchez R et al.[33] 采用意愿分析法对哥伦比亚 Andes 流域用水居民的调查中发现，用水户愿意支付更高的费用以改进流域生态保护措施，用水户类别差异会影响到补偿标准的大小，用水距离会影响到生态服务的购买等。张君等[18] 针对南水北调中线工程，从生态保护建设的直接成本和发展机会损失的间接成本出发，计算出水源区应得到的生态补偿量，并引入了地区发展阶段系数来间接获知人们的支付意愿（WTP），进而对生态补偿量进行调整。常书铭[34] 采用支付意愿法和机会成本法对汾河水库上游水源涵养区水生态补偿标准进行了测算，确定了补偿标准的范围为 5.0 亿～14.8 亿元，并根据汾河水库上游娄烦县、岚县、宁武县、静乐县的常住人口数量和植被恢复面积对补偿资金进行了分配。Liu M et al.[35] 对南水北调中线工程的七种生态补偿标准机理和结果进行了对比分析，指出基于成本和生态服务价值的方法比较适用，并引入水资源的市场价值、水源区内部收入和政府的财政支持对该方法进行了改进，提高了水源区和受水区的生态补偿标准。潘美晨等[36] 认为生态标准制定过程可视为受偿方和支付方的讨价还价过程，将受偿意愿作为生态补偿标准的上限。

关于生态补偿标准的研究相对较多，学者们从不同的视角与方法对生态补偿标准进行了研究：基于区域的特点[23]、充分考虑生态建设与保护成本[18,21-22]、基于水权分配[37]、基于受益者和损失者谈判能力强弱[36]、基于水资源的数量和质量[23,32]、基于支付意愿与补偿意愿[18,33]、基于排污权交易[38] 等。

2.2.3　补偿资金分配

水源地生态补偿经常涉及跨省生态补偿问题，在实践中不仅面临补偿标准的问题，而且涉及上下游省份的补偿资金分担比例问题，补偿资金的分配成为一个操作性难题。事实上，生态补偿标准的测算回答了保护水资源需要多少补偿资金，分担比例回答的是如何分担这些补偿资金，这是落实生态补偿资金的关键。因此，应通过生态补偿资金的合理、公平分配，实现大流域（全流域）与小流域（流域段）、生活保障与生产发展以及政府企业个人之间补偿资金分配上的平衡，实现水源地生态、经济、社会的持续发展，构建水源地生态保护的长效机制。现有研究中对如何有效分配补偿资金涉足较少，尤其是在流域范围内的各省（自治区）市如何有效统筹分配辖区内各行政单元生态补偿资金，还处在初步的实践探索中。比如江西省在新安江模式下整合了国家重点生态功能区转移支付、省级专项以及其他相关的生态补偿资金设立流域生态补偿专项资金，采用因素法结合"五河一湖"及东江源头保护区、主体功能区、贫困区等计算各行政单元的二次生态补偿资金分配系数，根据"就高不就低，模型统一，两次分配"的分配方式和原则，分配各行政单元的生态补偿资金，以期提高生态补偿资金二次分配的瞄准效率。虽然在实践中取得了较好的效果，但也因为考虑因素不全面而存在局限性。

在受水区和水源区的补偿资金分摊与分配中，部分学者[39-50]对受水区的补偿资金分担和水源区的补偿资金分配进行了研究。其中对水源区补偿资金的分配，考虑单个项目产生的正面效益占总效益的比例等因素，依据其总体权重来进行相应的分配；受水区补偿资金的分担，考虑受水区各城市的经济发展水平较为均衡等因素，依据其分水比例来进行分摊。孔凡斌[39]以东江源国家级水源涵养生态功能区为例，研究采用水量、水质和用水效益等确定上游江西和下游广东的分担比例。白景锋[40]分别依据分配水量所占调水量的比例、调入水量比重和GDP比重的均值等作为南水北调中线受水区（河南省、河北省、天津市、北京市）的分担比例。马静[41]以水源地自我发展能力为指标，构建了省（自治区）、省内市县、各主体之间，以及企业或个人之间的资金分配四级模型。刘强等[42]在研究中以单指标——城市用水量所占比例为标准，对广东省东江流域下游四市的生态补偿资金进行分配；孙贤斌等[43]综合运用层次分析法和GIS技术，确定了安徽省六安市生态补偿资金分配的指标系统；朱九龙等[44]综合考虑区域经济发展水平和调入水量等指标，通过确定生态系统服务价值调节系数的方法，研究了南水北调中线水源区生态补偿资金数量及分配方式。汪义杰等[45] 构建了涵盖生态环境资源禀赋、生态保护贡献度和社会经济发展 3 大准则、14 个细分指标为辅的水源地生态补偿资金分配指标体系，并以鹤地水库为例，采用熵权-层次分析模型性进行分配。王军锋等[27] 指出实践中水源地生态补偿需要针对水源地的多个县市进行补偿，方法有二：一是综合考虑流域面积、生态功能区面积、流域水环境质量等因素进行分配；二是根据环境治理成本进行分配。Zhou Y et al.[46] 基于最大熵产生原理分析了相邻行政区域的生态补偿标准之间的关系，并据此在行政区域间进行分配。王西琴等[47] 针对跨省重要水源地生态补偿，提出确定试行阶段、修复阶段、稳定阶段等阶段分担比例的思路。部分学者以生态系统服务价值为基础确定支付比例，如於嘉闻等[48] 在对湄公河流域 1995—2015 年的生态系统服务价值和生态盈余（或赤字）状况动态评估的基础上，结合流域各国的实际经济发展水平确定了下游各国支付生态补偿的金额。

无论是受水区间补偿资金的分担，还是水源区补偿资金的分配，其实都是一个群体决策的过程，因此分配方案或分担方案的确定就是在尽可能高的共识程度下寻求获得群体最大利益的决策，共识性测度就成为识别群体意见的分歧程度（一致性）以及实施动态调整的关键指标[49]。因此，在过去的十年中，已开发出具有最小调整或成本的反馈机制（FMMA／C），并广泛用于各种群体决策环境中，以提高共识效率[50]。

2.2.4 生态补偿方式

我国的生态补偿机制可分为纵向生态补偿和横向生态补偿两种类型。其中，纵向生态补偿主要是指上下级预算主体之间按照法定标准，通过财政转移支付制度和专项基金等方式开展的生态补偿，属于经济学中解决公共产品外部性问题的"庇古范式"；横向生态补偿是指不具有隶属关系的补偿者与受偿者之间综合运用法律、政策和市场等手段开展的合作式补偿，属于经济学中利用环境产权交易模式的"科斯范式"。"庇古范式"和"科斯范式"之间的一个重要分歧是，庇古强调政府通过税收和补贴干预，而科斯更倾向于把政府的干预限制在界定产权，倾向于用市场交易的方式解决。Engel et al.[51] 将生态补偿分为用户资助和政府资助两种，典型的用户资助是水电站向上游土地使用者付费以保持上游集水区；在政府资助的生态补偿中，生态资源是明显的公共物品，政府机构作为生态服务补偿主体，支付补偿具有明显的成本优势。Cranford M et al.[52] 认为在补偿客体的确定中应当按照先集体再个体的顺序，即将社区和内部居民都作为补偿客体，并先补偿社区，再对个人进行补偿。Amigues et al.[53] 研究分析了民众关于法国（加伦河）（Garonne River）河岸栖息地的生态服务支付与受偿意愿。Bienabe E et al.[54] 在调查分析哥斯达黎加与国外居民的支付意愿基础上，借助 CE 分析法构建多元回归模型对居民支付意愿进行量化分析。其结论指出，对于不同的人群而言，均表现出积极的支付意愿，能够为自身所获得的环境服务支付相应的费用。Moran D et al.[55] 以问卷调查的形式对苏格兰地区居民的生态补偿支付意愿进行了调查分析。他们认为，收入税这一机制比较受欢迎，在综合考虑环境与生态福利目标之后所确定的收入法将受到居民广泛认可，从而表现出强烈的支付意愿。Diswandi D[56] 认为在发展中国家实践的许多 PES 都是基于庇古的经济理论，即允许政府通过监管、税收或补贴等手段进行干预。并以印度尼西亚为例，研究了一种混合科斯范式和庇古范式的 PES 方法，并构建计量经济学模型评估了混合式 PES 计划对减轻贫困的影响，指出短期内该计划对减轻贫困无帮助，长期内有助于减轻贫困。

目前，我国水源地生态保护补偿主要由政府主导，缺乏市场手段，没有充分发挥水源地的当地优势和综合效益进行自我补偿，缺乏多样化的补偿方式。学者们[57-59] 积极探索研究多样化的生态保护补偿方式，主要包括资金补偿、政策补偿、市场补偿、产业补偿、智力补偿、实物补偿 6 个方面的多种补偿方式。舒卫先等[57] 将水库型饮用水水源地生态补偿方式分为 5 种，包括横向财政转移支付、纵向财政转移支付、基于市场的水权交易、生态补偿专项资金、提取旅游门票收入的保护专项基金。部分学者对不同的生态补偿模式及方式的优缺点、适用性也进行了比较分析。王燕[58] 基于水源地生态保护，对政府补偿与市场补偿两种补偿模式进行了详细的论述，比较得出了两者的优缺点及各自的必要性，发现要维持水源地的可持续发展只有通过政府和市场的双向调节。葛颜祥等[59] 结合案例分析了财政转移支付、水权交易、异地开发以及生态补偿基金 4 种水源地生态补偿模式，比较分析了这 4 种模式的优缺点及存在的问题，并对各种模式的适用条件进行了探讨。

2.2.5　生态补偿评估

科学的评价方法与合理的评价标准是生态补偿成功发挥作用的重要保证，国内外学者[60-70] 对此进行了较深入的研究并积累了许多宝贵的经验。Clements T et al.[77] 通过对具体补偿项目的研究发现，对用户进行补偿的制度简单、直接，行政成本更低，能迅速地保护环境，但是却不利于对保护目标的实现；对集体进行补偿虽然效率较低，但具备宣传与引导作用。因此补偿客体应包括集体，以激励环境保护行为，增加环境可持续。Muradian R et al.[61] 认为纯市场补偿或者科斯方法不易在实践中推广和实施，针对环境服务付费的概念化和分析提供了一种新的理论方法即协调。Wunder S et al.[62] 认为用户补偿与政府补偿相比，用户补偿目标更明确，更符合当地条件和需求，有更好的监控功能，执行意愿更强。Garciaa—Amado L R et al.[63] 指出企业与政府在进行生态补偿时所追求的补偿效应并不完全一致，其中前者更关注补偿的直接经济效益，而后者除关注经济效益外，还关注减贫等社会目标。Martin Persson U et al.[64] 通过构建博弈模型对环境服务支付的影响因素进行了分析，并利用一个简单的多智能体模型对现有项目进行了评估，并讨论了提高补偿的效率的可能性。Ring I[65] 以巴西为例研究了生态转移支付的效果，发现增值税根据生态指标重新调整后，市州两级的流域生态保护区面积增长迅速，从而得出生态转移支付不仅能补偿对土地使用的限制，还能激励地方政府开展生态保护活动。

关于生态补偿效果评价的研究，部分学者[60-65] 主要运用实地调查和对比分析方法，定性评价流域生态服务付费情况及生态补偿政策实施成效。但是，生态补偿定性评价受到人为主观因素影响较大，且评估面较窄，因此，生态补偿效果定量评估是现今主要研究趋势。生态补偿效果定量评价通常从政策实施后的直接或间接影响与成效进行分析，通过建立与生态补偿相关的各方面影响情况的指标体系，来评价生态补偿对生态环境保护的有效性。构建生态补偿效果评估指标体系是评估的关键与难点所在，目前学者们[66-70] 主要考虑实施生态补偿后对社会经济与生态环境的影响。在生态补偿效率方面，相关研究主要围绕标准、测度方法、工具选择、政策设计、效率影响因素等方面展开。李政通等[66] 运用 Malmquist 指数分析模型与重复博弈模型对长江流域各省市的农业投入生态效率与工业投入生态效率进行研究，探索建立流域内生态补偿机制。研究结果表明：流域内各省市分别存在比较优势与绝对优势；建立流域内生态补偿机制具有必要性；存在三种补偿方式，且补偿应按梯度进行。蒋毓琪等[67] 运用 IAD 延伸模型，对居民以基础水价提升作为浑河流域生态补偿方式的接受意愿进行研究，并利用 ELES 模型探析居民基础水价提升幅度的承受能力以确定其承受范围。孟钰等[68] 构建了生态补偿效果综合评估指标体系，涵盖社会经济发展、污染排放与监测、污染处理水平三个层面；建立了基于层次分析法与熵权法的组合赋权模型，综合考虑主观与客观评价，核算生态补偿效果综合指数。李挺宇[69] 提出了按受水地区经济发展阶段和水量分配确定相应的生态补偿分摊标准，建立水价与生态补偿金之间的联动机制以及提高水价、获得生态补偿金的可行性，周俊俊等[70] 基于结构方程模型对农户生态补偿参与意愿的影响因素进行了分析，并提出了完善生态补偿机制的对策建议。

总体来看，针对流域或水源地的补偿机制构建、补偿标准测算、补偿分摊、补偿意愿等在理论研究和科学实践方面均取得了长足的发展。但是，受多种因素的制约，如何使得生态补偿制度取得良好的效果仍是当前及以后一段时间内研究的重点。由于生态补偿标准与方式的复杂性，一些问题并不能在补偿前预料到，在我国许多流域或水源地，生态补偿政策的实施期限不长、政策体系不够完善，尚不能及时调查与统计生态补偿政策实施的直接效果。随着我国社会经济的进一步发展，广大居民对高品质健康饮水的需求将日益增长，基于生态保护与高质量发展的需要，研究水源地生态补偿会有更广阔的应用前景。

第3章 黄河流域水源地生态补偿机制框架分析

3.1 黄河流域生态补偿现状及存在的问题

黄河，中华民族的母亲河，是我国第二长河，全长约 5464km，流经青海、四川、甘肃、宁夏、内蒙古、陕西、山西、河南及山东 9 个省（自治区），是我国西北和华北地区的重要水源。饮用水水源地的保护与管理是影响沿黄群众饮用水安全的重要因素之一。

黄河流域水源地建设过程中始终面临着保护和发展的难题：一方面，随着流域内经济的快速发展和城市规模的扩大，对安全、稳定的水资源供给服务的需求急剧上升；另一方面，水源地所在区域社会经济发展水平相对落后，当地政府和群众的发展需求日益迫切。这大幅度增加了水源地保护和管理的难度。生态补偿机制被广泛视为解决水源地保护和发展难题的重要途径。

黄河属资源缺水性河流，生态保护的主要问题是水源涵养、水土保持、生态修复保护问题[71]。为了解决这些问题，在原环境保护部、财政部等的推动引导下，以及地方基于需求自发探索推进下，黄河流域在三江源水源涵养区生态补偿、水土保持补偿、生态功能区转移支付、跨省横向补偿以及省内流域生态补偿等方面开展了一系列的实践活动。

3.1.1 三江源区生态补偿

三江源区地处青藏高原腹地，是长江、黄河和澜沧江的源头汇水区。作为中国最为重要的生态功能区之一，三江源区对三条河流的中下游地区用水和经济社会发展具有重要的保障作用，每年向下游输出 620 多亿 m³ 水资源。由于三江源的独特重要性，通过中央预算内投资藏区专项、三江源生态保护和建设二期工程、省级财政专项等渠道共投入 34.21 亿元用于生态环境保护、基础设施及能力建设等。2017—2019 年，通过长江经济带生态保护修复奖励资金给青海省落实资金 5 亿元。2010 年青海省人民政府印发了《关于探索建立三江源生态补偿机制的若干意见》（青政〔2010〕90 号），明确指出生态补偿机制是一项持久、稳定的长效机制，必须充分认识建立生态补偿机制的重要意义。

自实施生态补偿机制以来，三江源生态系统逐步改善，重点治理区生态状况好转。草地退化趋势初步遏制，严重退化区植被覆盖率明显提升。

3.1.2 水土保持生态补偿现状

1992—1996 年黄河流域的青海、甘肃、宁夏、陕西、内蒙古、山东、河南等省（自治区）都分别制定了水土保持设施补偿费使用和管理办法，为水土保持设施破坏给予了应有的补偿[72]。1998 年国家计划委员会、水利部发布的《开发建设晋陕蒙接壤地区水土保持规定》（2020 年废止），第四条规定"防治水土流失，实行'谁开发谁保护''谁造成水土流失谁治理'的原则"；第十条规定"基本建设过程中造成的水土流失，其防治费用由建设单位从基本建设投资中列支。生产过程中造成的水土流失，其防治费用由企业从更新改造资金或者生产发展基金中列支"。华能集团公司在"八五"期间"按煤炭产量提取水保绿化费，标准为每吨 0.3 元"，该项费用在企业成本中列支，专项用于矿区的水保绿化，不得挪作他用。

2007 年黄河流域陕西、山西两省依据国家出台的生态补偿相关政策，在水土保持生态补偿方面开展了试点工作。如陕西省人民政府于 2008 年11 月颁布了《陕西省煤炭石油天然气资源开采水土流失补偿费征收使用管理办法》中明确规定"原煤陕北 5 元/t、关中 3 元/t、陕南 1 元/t，原油30 元/t，天然气 0.008 元/m³ 的标准征收水土流失补偿费"，在陕西省境内建立了水土保持的生态补偿机制。

黄河流域水土保持生态补偿的形式有以下 4 种。

（1）基于财政转移支付开展的水土保持生态补偿。这类补偿大都是以工程项目形式进行补偿，如黄河水土保持生态工程、国家退耕还林还草及生态移民等工程项目。

（2）基于征收资源开发税费的水土保持生态补偿。这类补偿大都是以征收生态环境补偿费、水土流失补偿费等方式进行补偿，其中陕西省是针对煤炭、石油、天然气资源征收生态环境补偿费，用于生态环境的治理和恢复；山西省根据生产建设占地面积和破坏面积、采挖面积和倾倒占地面积、弃土弃渣倾倒体积、煤炭开采量等征收水土流失补偿治理费。

（3）基于生态保证金制度的水土保持生态补偿。山西省制定了《山西省矿山环境恢复治理保证金提取使用管理办法（试行）》，提出生态环境治理恢复保证金按"企业所有、专款专用、专户储存、政府监管"的原则管理，主要用于矿区生态环境治理，采矿引发的崩塌、滑坡、泥石流等防治，矿区自然、生态和地质环境的恢复与重建等。

（4）民间资本的水土保持生态补偿。主要是地方的小企业、群众在当地政府引导下，自筹资金对当地水土流失及生态环境进行治理等。

3.1.3　重点生态功能区财政转移支付

重点生态功能区财政转移支付是对重要生态地区发展权受限予以合理补偿的公平机制。近年来，国家对山西、内蒙古等沿黄 9 省（自治区）下达的重点生态功能区转移支付额呈逐年增加趋势，2016—2019 年中央财政累计下达沿黄 9 省（自治区）重点生态功能区转移支付资金 944.56 亿元。甘肃、四川、青海重点生态功能区转移支付额相对较高，2019 年分别为64.62 亿元、44.76 亿元、32.57 亿元。流域内开展国家重点生态功能区生态环境监测评价的县域逐步增加，从 2012 年的 79 个县域增加到 2018 年的103 个县域。2018 年，流域开展生态环境监测评价县域中，67 个县域生态环境质量为基本稳定，13 个县域有所改善，但有 23 个县域不同程度变差，监测评价结果作为中央财政转移支付资金调节的主要依据。

3.1.4　跨省横向生态补偿

渭河流域治理是陕西、甘肃两省的"痛点"，为了更加有效地开展渭河流域治理，陕西、甘肃两省自发商议推动开展渭河流域跨省生态补偿试点。2011 年，陕甘两省沿渭 6 市 1 区签订了《渭河流域环境保护城市联盟框架协议》，启动渭河流域跨省界生态补偿，实施期限暂定为 2011—2020年。这是黄河流域首个地方自发推动实施的跨省流域上下游横向生态补偿试点，补偿标准依据两省议定的跨省界出境监测断面水质目标，甘肃渭河上游出境水质达到两省设定目标，则陕西省向甘肃天水、定西两市分别提供生态补偿资金，专项用于上游污染治理、水源地生态保护和水质监测等。自试点启动以来，陕西省向天水市支付了 1100 万元生态补偿金，向定西市支付了 1200 万元生态补偿金，实施跨省流域生态补偿调动了定西、天水两市生态环境保护积极性，对改善渭河流域水环境质量起到了积极作用，这为实施黄河流域跨省横向生态补偿提供了先行经验。

2020 年财政部、生态环境部等四部委印发了《支持引导黄河全流域建立横向生态补偿机制试点实施方案》，要求黄河流域上下游省份加快推进建立省际间黄河干流和重要一级支流横向生态补偿机制。2021 年，河南省与山东省正式签署《山东省人民政府河南省人民政府黄河流域（豫鲁段）横向生态保护补偿协议》以河南省与山东省黄河干流跨省界断面（刘庄国控断面）2020 年和 2021 年的水质年均值，以及化学需氧量、氨氮、总磷 3 项关键污染物的年均浓度值进行考核。最高补偿资金规模达 1 亿元，分为水质基本补偿和水质变化补偿两部分。水质基本补偿方面，若水质全年均值达到Ⅲ类标准，山东省、河南省互不补偿；水质年均值在Ⅲ类基础上每改善一个水质类别，山东省给予河南省 6000 万元补偿资金；水质年均值在Ⅲ类基础上每恶化一个水质类别，河南省给予山东省 6000 万元补偿资金。在水质变化补偿方面，将化学需氧量、氨氮、总磷确定为关键污染物。2020 年度关键污染物指数与 2019 年度相比，每下降 1 个百分点，山东省给予河南省 100 万元补偿；每上升 1 个百分点，河南省给予山东省 100 万元补偿。2021 年度关键污染物指数与 2020 年度相比，每下降 1 个百分点，山东省给予河南省 100 万元补偿；每上升 1 个百分点，河南省给予山东省 100 万元补偿。这项补偿最高限额 4000 万元。

河南省和山东省签订的生态补偿协议对黄河全流域健全完善横向生态补偿机制具有示范意义。

3.1.5 省内流域生态补偿机制

相对跨省流域横向生态补偿来说，省内统筹推进开展流域生态补偿的难度较小，主要是体现在如何更好地激励各地充分发挥生态补偿机制促进流域治理的效用。四川、陕西、宁夏、河南、山东、山西 6 省（自治区）推进实施省内流域生态补偿制度，方法为依据跨界出水水质改善情况，每个断面给予奖励。

四川省建立"三江"（岷江、沱江和嘉陵江）流域水环境双向补偿，从单向扣缴赔偿转向"双向补偿"（超标者赔偿、改善者受益），设置 82 个监测断面，覆盖 19 个市（州）和 52 个扩权试点县（市），2016 年 6 月至 2019 年 5 月，"三江"流域累计缴纳生态补偿金为 17 亿元，其中，赔偿金 3 亿元，改善金 14 亿元。

山西省对全省主要流域实施跨界断面水质考核生态补偿，依据跨界出水水质改善情况，每个断面给予 200 万～500 万元奖励，考核对象为 11 个地市、103 个县、166 个跨界断面，2010—2018 年地表水跨界断面考核共计扣缴资金 34 亿元，奖励生态补偿金 10 亿元。

河南省财政厅、生态环境厅、水利厅、林业局于 2020 年 12 月印发了《河南省建立黄河流域横向生态补偿机制实施方案》，明确实施范围为沿黄十市，具体包括郑州、开封、洛阳、安阳、鹤壁、新乡、焦作、濮阳、三门峡、济源示范区。2021—2023 年，河南省将开展试点，探索建立流域生态补偿标准核算体系，完善目标考核体系、改进补偿资金分配办法，规范补偿资金使用。试点期间，充分发挥激励约束作用，通过"保护责任共担、流域环境共治、生态效益共享"，进一步完善提升黄河河南段生态环境治理体系和治理能力，推动黄河流域生态保护和高质量发展，让黄河成为造福河南人民的"幸福河"。

3.1.6　存在的问题

当前黄河水源地生态补偿中存在的主要问题如下。

1. 对水生态补偿的认识不够统一

目前，对水源地保护的水生态补偿资金缺乏深入的认识，水生态补偿往往和水源地保护设施建设等紧密结合，地方政府和群众往往将基础设施建设和维护的资金寄托在水生态补偿资金上。水源地水生态补偿作为调整水源地相关利益方生态及其经济利益的分配关系，促进地区间的公平和协调发展的一种机制，在大多数情况下是受益地区对上游受损地区的一种经济补偿。但水生态补偿与水源地保护设施建设不能完全等同，更不能简单地将水生态补偿仅仅等同于保护成本，还需要考虑到水源地所损失的机会成本。

2. 补偿资金来源渠道还比较狭窄

稳定的饮用水水源地保护资金投入渠道和投入机制还不完善，经费投入不足，开展水源地保护工作的资金来源不明确，一定程度影响了该项工作的正常开展。对水生态补偿资金的筹集目前还比较依赖政府的主导，市场手段未能充分体现，如何有效地增加水生态补偿中的政府财政资金来源，从新增土地出让金、排污权交易收益等提取资金增加水生态补偿专项资金。地方政府和企事业单位投入、优惠贷款、社会捐赠等其他渠道还比较缺失。

生态补偿资金融资渠道单一。随着 2008 年中央财政设立国家重点生态功能区转移支付资金以来，转移支付范围和资金均呈现扩大和增长趋势。长期以来，社会生产部门享用着自然资源提供的各种生态服务，资源的生态价值损失没有得到全面有效的补偿。当前，我国实行"谁开发谁保护，谁破坏谁恢复，谁使用谁付费"的生态经济补偿机制，但是用于资源恢复和环境保护治理资金仍有不足，财政纵向转移支付仍是最主要的生态补偿资金来源，区域和流域上下游之间的横向补偿相对不足，税费制度以及其他相应的优惠激励政策都没有发挥应有的作用，"受益者付费"的原则也没有得到充分的体现，大大限制了生态补偿的持续开展。政府的"理性有限"、信息的有限性和不对称性使政府的公共支付常常存在不科学现象，可能超出或低于生态补偿实际所需补偿费用，易导致生态补偿资金的流失、滥用、低效使用和浪费现象的发生。

3. 多元化补偿方式尚未形成

目前黄河流域现行的水生态补偿主要局限于资金形式，基本属于"输血型"补偿，这种"输血型"水生态补偿机制无法解决发展权补偿的问题，而对于异地开发、水源区经济发展整体帮扶等问题的补偿方式需要进一步发展完善。水生态补偿体系补偿受益对象主要是县级政府，个人、乡镇、村集体作为库区非常重要的组成部分，受益较少。目前补偿资金主要用于环境污染治理项目和生态建设项目等保护与改善水源水质的项目，补偿主、客体停留在政府对政府的层面上，对于发展机会损失的补偿还未能开展。在政策补偿、实物补偿、技术补偿和智力补偿等方面还比较少，产业扶持、技术援助、人才支持、就业培训等补偿方式未得到应有的重视，直接影响水生态补偿客体对生态保护积极性。

4. 配套制度不够完善

水生态补偿政策、法规没有形成统一、规范的体系，尚未建立系统的工作考核制度，不能适应形势发展的要求，应进一步加快完善黄河流域的水生态补偿配套制度。

水生态补偿资金的分配和补偿标准的确定是政府部门主导的，主要通过部门和地方政府的讨论直接确定的，缺少足够的科学方法测算作为依据，也不是上下游政府之间反复讨价还价形成的协议补偿，因此利益相关方在补偿标准上分歧较大。由于水生态补偿要素不但包含其生态保护、污染治理投入，还涉及对其发展机会成本的评估，现有重点生态领域的监测评估力量分散在各个部门，不能满足实际工作的需要。

5. 对水生态补偿资金的监督机制还不完善

水生态补偿资金的使用分配主要以项目补助的形式下拨给各级政府，因此水源区各级政府将关注点主要放在如何申请水生态补偿资金，对于如何更好地进行补偿资金的分配、使用和管理都成为了薄弱环节，造成了项目资金在实际使用中的未能达到预期效果。目前水生态补偿资金在改善水源地生态环境，维护水源地生态服务功能的监督机制仍有待进一步完善。

6. 管理队伍配备不完善

水源地保护过程中，管理和技术人员培训不能得到有效保证，个别水源地尚缺乏管理和保护专职管理人员，部分水源地管理经费不足，水源地工作人员不能参加或没有进行相关技术培训，这些都极大地约束了水源地保护工作的开展。

7. 水生态保护社会公众参与意识不足

环境意识直接决定着公众参与环保的积极性与自觉性。生态补偿的实施仅有政府是远远不够的，需要以广泛的社会基础作支撑，需要广大群众和相关利益主体的共同参与，需要第三方组织、公益组织、非政府组织等的支持。由于广大民众环境意识不高，对生态补偿这一概念知之甚少，对其作用和重要性认识不足。生态补偿的实质就是对生态责任的合理分担和对生态利益的重新分配，而现实中很多人难以理解这种责任分担和利益分配，尤其是经济欠发达地区，认识不到对生态环境进行养护和补偿的重要性，不愿意配合。

黄河流域沿线各省此前在水资源补偿、水土保持生态补偿、矿产资源生态补偿、森林生态补偿等方面做了大量工作，积累了一些经验。但是针对水源地保护的生态补偿，可以说还处于初始阶段，需要结合流域其他领域的生态补偿实践，做进一步的探索研究。

3.2　水源地生态补偿的必要性

饮用水安全关系到人民群众生命健康与社会和谐稳定，是全面建设小康社会的重要支撑条件，党中央、国务院及水利部高度重视饮用水的安全保障工作。针对近年来我国饮用水安全问题的严峻性，水利部将保障饮用水安全作为水利部门的首要任务，先后核准公布了三批全国重要饮用水水源地名录，并印发各省级人民政府实施。

水源地地处大江、大河的源头地区，具有丰富的资源，既是中下游地区的生态屏障和水源涵养地，同时又是生态敏感和脆弱地区，对改善整个生态环境最具影响力。近些年来，由于自然、经济、社会、历史等原因，水源地的生态环境不断恶化，形势相当严峻，水源地作为整个水环境资源的生态基础已受到严重损害。不仅给水源地地区的经济和人民生活带来侵害和压力，而且也对整个经济社会的正常发展带来严重影响，水资源及生态环境保护问题已成为中国经济社会与可持续发展的关键问题。

《全国重要饮用水水源地安全保障达标评估指南（试行）》从水量、水质、监控体系、管理体系等方面对饮用水水源地安全保障的达标建设提出了评估标准，流域内各省（自治区、直辖市）也颁布了饮用水水源保护区划、饮用水水源保护条例等，规定了饮用水源地的保护范围、保护办法等，对水源保护区内的经济活动提出了各种限制条件，并要求在水源地保护区内采取各种生态保护措施，以更好更有效地保障饮用水安全。

然而，水源地向用水地区提供合格饮用水，承担生态保护的成本，却没有得到相应的补偿或是得到的补偿远不及其付出，如果任由这种状况继续发展，必将使水源地地区的环境保护事业缺乏公众的参与意识，催生为追求经济发展而牺牲环境的短视行为，从而导致水源地乃至全国水资源环境的恶化。

在水源地保护工作中探索水生态补偿制度，能够有效推动水源地水环境治理，保障饮用水安全，协调水源保护与地方经济社会发展之间矛盾，同时也是推动生态文明建设，完善生态文明制度体系的重要举措。因此，构建水源地生态补偿机制势在必行。

3.3　水源地生态补偿内涵

3.3.1　生态补偿的定义

广义的生态补偿包括对因环境保护而丧失发展机会的区域内的居民进行的资金、技术、实物上的补偿，政策上的优惠，以及为增进环境保护意识，提高环境保护水平而进行的科研、教育费用的支出；狭义的生态补偿是指对人类的社会经济活动给生态系统和自然资源造成的破坏及对环境造成的污染的补偿、恢复、综合治理等一系列活动的总称。

3.3.2　生态补偿机制的内涵

生态补偿机制是以保护生态环境、促进人与自然和谐为目的，是调整生态环境保护和建设相关各方面之间利益关系的环境经济政策。具体讲，是指改善、维护和恢复生态系统服务功能，调整相关利益者因保护或破坏生态环境活动产生的环境利益及其经济利益分配关系，以内化相关活动产生的外部成本为原则的一种具有积极激励特征的制度。

生态补偿机制以保护和可持续利用生态系统服务为目的，以经济手段为主调节相关者利益关系的制度安排，主要包括 4 个方面的重要内容，即：①对生态系统本身保护（恢复）或破坏的成本进行补偿；②通过经济手段经济效益的外部性内部化；③对个人或区域保护生态系统和环境的投入或放弃发展机会的损失的经济补偿；④对具有重大生态价值的区域或对象进行保护性投入。

3.3.3　饮用水水源地生态补偿的内涵

（1）饮用水水源地生态补偿目的。水源地保护区因其独有的生态脆弱性，其生态保护往往要比其他地区遵守更为严格的法规要求，承担更多的生态建设任务，遵守更严格的水质标准，为保证其他地区能够享受到相应的生态服务，开展生态移民，减少农药及化肥使用量，这势必会对水源地保护区的经济行为产生一定影响，造成水源地保护区发展受到限制。水源地生态补偿旨在对利益受损者的利益进行填补与恢复，最大限度地调动保护区政府和居民的积极性，避免水源保护活动中人为因素的影响。

（2）饮用水水源地生态补偿的涵义。将生态补偿概念引入饮用水水源地保护，可以具体概括为：运用一定的政策或法律手段，调整水源地生态保护利益相关者之间的利益关系，由水源地生态保护成果的"受益者"及"破坏者"支付相应的费用给生态保护成果的"受损者"，使水源地生态保护外部性问题内部化，从而维持和改善水源区生态系统服务功能，保证供水的水质水量。同时对水源地保护区生态投资者合理回报，激励保护区内外人们从事生态保护投资，达到保护水源地生态环境的目的，促进水源地保护区生态服务功能增值，实现水源地经济、社会与生态的可持续发展。

（3）饮用水水源地生态补偿的内容。从生态补偿的角度讲，饮用水水源地生态补偿主要表现在用水地区对保护地区进行"补偿"，进而换取保护地区停止以破坏水源地生态环境为客观后果的经济发展方式，获得整体生态环境的优化。故从流域背景下的饮用水水源地生态补偿应从两个方面诠释其深刻内涵，即：

1）保护补偿。保护补偿是将饮用水源所在的水源（含周边部分的陆域）纳入法律的保护范围，设立饮用水水源保护区，对保护区域内的生态环境进行保护性投入，包括对饮用水水源保护区污水处理设施、清洁卫生设施等生态环境保护型的投入。

饮用水水源地保护补偿是为直接促使增益性水资源价值形成，带有主动、进取倾向，属于增益性生态补偿的范畴。为实现饮用水安全，必须对饮用水水源地生态环境进行保护性投入，如种植和养护水源涵养林、建设和投入污水处理设施及对保护区生态环境进行综合治理。这些保护性措施的采取有助于恢复或重建已遭受破坏的饮用水源地生态系统，促进饮用水源地生态环境功能的增益，是一种典型的增益性生态补偿。

2）发展补偿。发展补偿是对水源保护区水源保护者牺牲的发展权益给予补偿，包括对当地财政收入减少的补偿、对企业和农民生产损失的补偿及对搬迁移民的补偿等方面。

饮用水水源属特殊的水资源，已纳入法律保护的范围，相关法律应对该保护区的经济开发行为进行约束和限制。基于公平的基本理念，水源地保护区范围内的公民与用水地区的公民享有平等发展权益，而保护区公民发展权益的实现有可能威胁用水地区公民的环境权益。为实现用水地区公民的环境权益，保护区公民则牺牲了自身的发展权益。同用水地区相比，水源地保护区的经济发展程度较为滞后，因此，饮用水水源地生态补偿充分考虑到保护区权利牺牲者适当、合理的发展诉求，弥补保护区失去的发展机会成本。仅通过财政转移支付手段为主的生态补偿无法有效弥补保护区失去的发展机会成本，必须要寻求更加有效的途径，平衡保护区受损的常规发展需求。

总体讲，水源地生态补偿主要是对水源地生态功能或水源地生态价值的补偿，含对为保护和恢复水源地生态环境及其功能而付出代价、作出牺牲的区域、单位和个人进行经济补偿；对因开发利用水源而损害水源地生态功能或导致水源地生态价值丧失的单位和个人收取经济赔偿等。

水源地生态补偿机制是一种调动水源地生态保护的具有激励特征的制度，能有效地调动水源地生态建设与保护者的积极性，解决水资源开发利用过程中存在的不公平问题，以期实现整个水源地生态与社会经济可持续发展。

3.4　总体框架

本书在水源地生态补偿内涵界定的基础上，结合国内外生态补偿理论和实践，构建水源地生态补偿总体框架。

在明确水源保护区生态补偿的原则的基础上，判别不同类型饮用水源地补偿的主体和客体，识别利益相关者，确定其环境经济效益和经济损失，建立区域生态成本的测算模型，计算区域补偿总标准，研究标准分摊的计算方法，继而提出生态补偿的方式和补偿资金的筹措及使用方式，最后结合监督保障机制、提升生态补偿意识、建立立法配套体系等，提出水源地生态补偿的保障机制。水源地生态补偿的框架如图 3.1 所示。

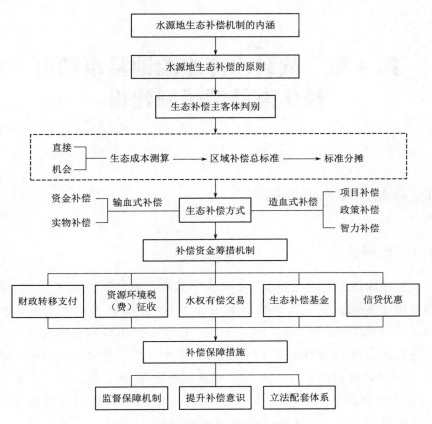

图 3.1 水源地生态补偿机制框架图

第4章 故县水库水源地基本情况及生态补偿机制建设

4.1 故县水库水源地概况

4.1.1 地理位置

故县水库位于黄河支流洛河中游洛宁县故县镇，距洛阳市 165km，距三门峡市 110km，坝址以上控制流域面积 5370km²，占洛河流域面积的 44.6%，是一座以防洪为主，兼顾灌溉、供水、发电等综合效益的大型水利枢纽。该工程 1978 年动工兴建，1991 年 2 月下闸蓄水。大坝设计洪水 1000 年一遇，校核洪水 10000 年一遇；坝型为混凝土重力坝，坝顶高程 553m，最大坝高 125m，总库容 11.75 亿 m³；设计发展农田灌溉 102 万亩，城市供水 5m³/s；电站装机容量为 60MW（20MW/台×3 台），单机设计流量 36m³/s，多年平均发电量 1.45 亿～1.76 亿 kW·h。

根据《洛河故县水库工程技术设计书》，故县水库是一座以防洪为主，兼顾灌溉、供水、发电等综合利用的大型水库，水库原设计考虑近期改善滩区灌溉，远期考虑提水灌溉，同时解决洛阳市和宜阳县用水。随着洛阳市经济和社会发展，城区人口增多和城区框架不断拉大，对供水要求越来越高。为此，洛阳市政府提出建设洛阳市故县水库引水工程，沿洛河自西南至东北，途经洛宁县城和宜阳县城，总引水线路 125km，设计最大引水流量 5m³/s，设计最大日供水量为 43.2 万 m³，供水对象为洛阳市区（不含吉利区）、洛宁县城和宜阳县城的城镇居民生活、工业、建筑业、第三产业，见图 4.1。2014 年，洛阳市政府划定故县水库为集中式水源地，2019 年划定水源地保护区。水源地的设立一方面对流域上游至库区段提出了更高的水质要求，另一方面又限制了流域上游至库区段经济的发展，对

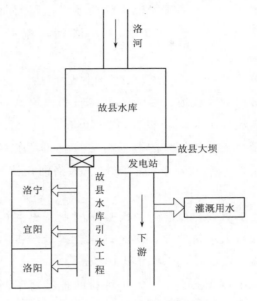

图 4.1 故县水库区域概化图

库区原有的渔业、旅游、发电等产生了影响。

　　故县水库上游水源区主要位于卢氏县的北部，包括卢氏县的木桐、官坡、徐家湾、双龙湾、横涧、潘河、沙河、城关、东明、文峪、范里等 11 个乡镇，面积 2425km²，约占全县面积的 66%。

4.1.2 河流水系

　　故县水库水源区属于洛河流域。

　　洛河发源于陕西省洛南县洛源乡，从木桐乡河口街西入县境，贯于崤山与熊耳山之间，曲折东流，经山河口峡谷入洛宁县，经宜阳、洛阳，至偃师岳滩同伊河汇流，抵巩义市神堤注入黄河。县内流经木桐、徐家湾、潘河、双龙湾、横涧、沙河、城关、文峪、东明、范里等乡镇，而后入故县水库，为卢氏县第一大河。在卢氏县境内流长 122km，境内流域面积 2425km²。

　　洛河在卢氏县内较大支流有 20 余条，流域面积在 100km² 以上的支流有 8 条。

　　兰草河，发源于卢氏县官坡镇火焰沟及安平村，西北向流至陕西省洛南县后入洛河，流长 31km。流域面积 128km²。

索峪河，即木桐河，发源于灵宝市的秦池村，西南向流经木桐乡的刘家、寺皮庙和拐峪等村至河口街注入洛河，流长 32km，流域面积 155km^2。

官坡河，发源于卢氏县官坡镇蔡家沟村后疙瘩，北流经竹园村折西北，流经沟口、官坡、大块地、沙河、火神庙和徐家湾乡的鳌家滩，至小河口村汇入洛河，流长 44km，流域面积 179km^2。

沙河，发源于卢氏县潘河乡的冠云山主峰南凹，东南流经两岔口入沙河乡的三角、寨子沟，抵城郊乡的涧北村注入洛河，流长 30km，流域面积 173km^2。

马庄河，又名卜象河，发源于卢氏县横涧乡石枣河村的下院，西流至石枣河折南，流经石人再折西北，流经马庄、碾盘、青山、北流马窑至岗台村注入洛河，流长 28km，流域面积 101km^2。

文峪河，发源于卢氏县文峪乡香子坪村的抱犊寨下西板长沟，西北流经通河、煤沟口、大石河、磨上、文峪、望家村、麻家湾，至涧西村东注入洛河，流长 33km，流域面积 135km^2。

范里河，发源于卢氏县范里乡的三门街后西沟，由东南流向西北，至三门街再折向东北，经干沟窑、阳坡根、至范里街注入洛河，流长 23km，流域面积 128km^2。

寻峪河，发源于卢氏县官道口乡石大山，流经卢氏县、洛宁县，于洛宁县寻峪村流入洛河，流长 30km，流域面积 262km^2。

4.1.3　水源地保护区划分

根据《河南省人民政府关于划定调整取消部分集中式饮用水水源保护区的通知》（豫政文〔2019〕125 号），划定洛阳市故县水库饮用水水源保护区具体范围如下。

（1）一级保护区：水库大坝至上游 2100m，正常水位线（534.8m）以内的区域及正常水位线以外 200m 的区域；入库支流故东河河道内的区域及河道外两侧 50m 的区域。

（2）二级保护区：一级保护区外，水库大坝至上游 5100m，正常水位线以内的区域及正常水位线以外 1000m 东至下峪镇-高阳村和下峪镇-东山村的"村村通"道路、西至故县镇-窑瓦村的"村村通"道路且不超过分水岭的区域。

（3）准保护区：二级保护区外，洛阳市界内正常水位线以内的区域及正常水位线以外至东、西两侧分水岭的区域。

洛阳市故县水库饮用水水源一级、二级及准保护区均位于洛阳市境内。

4.1.4 供水范围

水源地供水对象为洛阳市区（不含吉利区）、工程沿线的洛宁县城和宜阳县城的城镇居民生活、工业、建筑业、第三产业。

工程以 2020 年为规划水平年，设计供水保证率不低于 95%。考虑供水对象为城市工业生活等，涉及居民生活饮用水，要求至少符合地表水 II 类水质标准。

根据《故县水库引水工程水资源论证报告》，故县水库引水工程近期（2020 年）最大毛取水量为 0.9892 亿 m^3，远期（2030 年）最大毛取水量 1.5768 亿 m^3。

4.2 水库水环境现状调查分析

4.2.1 水库水质现状

1. 洛河大桥断面

卢氏县水利局对洛河大桥断面进行逐月的水质常规监测，监测指标为 pH 值、溶解氧、高锰酸盐指数、化学需氧量、五日生化需氧量、氨氮、总磷、总氮、铜、锌、氟化物、硒、砷、汞、镉、六价铬、铅、氰化物、挥发酚、石油类、阴离子表面活性剂、硫化物等。见表 4.1。

表 4.1　　卢氏县洛河大桥 2014—2018 年水质监测表

年　份		2014	2015	2016	2017	2018
水质指标	pH 值	8.06	8.12	8.09	7.91	7.91
	溶解氧/（mg/L）	7.9	8.3	8.6	8.3	8.1
	高锰酸盐指数/（mg/L）	1.5	1.3	1.3	1.6	1.5

续表

年　份	2014	2015	2016	2017	2018
化学需氧量/(mg/L)	12	11	14	7	9
五日生化需氧量/(mg/L)	2	2	2	2	3.1
氨氮/(mg/L)	0.17	0.24	0.24	0.22	0.21
总磷/(mg/L)	0.06	0.03	0.05	0.05	0.06
总氮/(mg/L)	0.49	0.49	0.56	0.60	0.60
铜/(mg/L)	<DL	<DL	<DL	<DL	0.05
锌/(mg/L)	<DL	<DL	<DL	<DL	0.05
氟化物/(mg/L)	0.34	0.41	0.44	0.39	0.48
硒/(mg/L)	<DL	<DL	<DL	<DL	0.04
砷/(mg/L)	<DL	<DL	<DL	<DL	0.0006
汞/(mg/L)	<DL	<DL	<DL	<DL	0.00004
镉/(mg/L)	<DL	<DL	<DL	<DL	0.001
六价铬/(mg/L)	<DL	<0.05	<0.05	<0.05	0.005
铅/(mg/L)	<DL	<DL	<DL	<DL	0.01
氰化物/(mg/L)	<DL	<DL	<DL	<DL	0.004
挥发酚/(mg/L)	<DL	0.001	0.000488	0.000433	0.0003
石油类/(mg/L)	<DL	<DL	<DL	<DL	0.04
阴离子表面活性剂/(mg/L)	<DL	<DL	<DL	<DL	0.05
硫化物/(mg/L)	<0.1	0.0225	0.023	0.016	0.005
水质类别	Ⅱ	Ⅱ	Ⅱ	Ⅱ	Ⅱ

（最左侧表头合并单元格为"水质指标"）

从表中数据可以看出，2014—2018 年，按照《地表水环境质量标准》卢氏县境内故县水库断面水质类别均为Ⅱ类（不含总氮）。从可能影响水质类别的主要指标考虑，2014—2018 年，化学需氧量从 12mg/L 降低到 9mg/L，降低了 25%；五日生化需氧量从 2mg/L 增加到 3.1mg/L，增长了 55%；氨氮从 0.17mg/L 增加到 2018 年的 0.21mg/L，增长了 24%；总氮从 0.49mg/L 增加到 2018 年的 0.60mg/L，增长了 22%。可见，这些主要监测指标的变化较为稳定。说明卢氏县为维护洛河水质稳定，做了大量水环境保护工作。

2. 故县水库断面

洛阳市水文水资源勘测局对故县水库库区进行每月的水质常规监测，监测指标为 pH、溶解氧、高锰酸盐指数、化学需氧量、五日生化需氧量、氨氮、总磷、铜、锌、氟化物、砷、总汞、镉、六价铬、铅、氰化物、挥发酚、硫酸盐、氯化物、硝酸盐氮、铁、锰和总氮等 23 项。见表 4.2。

表 4.2　　　　　故县水库 2011—2018 年水质监测表

	年　份	2011	2012	2013	2014	2015	2016	2017	2018
水质指标	pH 值	7.85	8.11	8.47	8.50	8.15	8.22	8.13	8.29
	溶解氧/(mg/L)	8.43	8.58	9.38	10.10	8.92	9.79	7.77	8.66
	高锰酸盐指数/(mg/L)	1.83	1.73	2.25	1.75	1.63	1.66	2.20	1.95
	化学需氧量/(mg/L)	8.5	9.0	8.8	9.2	9.8	10.52	13.63	11.83
	五日生化需氧量/(mg/L)	0.4	0.93	0.65	0.83	0.84	0.96	1.84	1.51
	氨氮/(mg/L)	<DL	0.04	0.088	0.061	0.08	0.04	0.06	0.07
	总磷/(mg/L)	0.033	0.028	0.018	0.045	0.02	0.03	0.06	0.038
	铜/(mg/L)	0.022	<DL	<DL	<DL	<DL	<DL	0.003	0.0023
	锌/(mg/L)	<DL	<DL	<DL	<DL	<DL	<DL	<DL	0.0034
	氟化物/(mg/L)	0.53	0.44	0.43	0.57	0.55	0.68	0.61	0.58
	砷/(mg/L)	0.0006	0.0006	0.0008	0.0013	0.0010	0.0014	0.0008	0.0011
	总汞/(mg/L)	<DL	<DL	<DL	<DL	<DL	<DL	<DL	<DL
	镉/(mg/L)	<DL	<DL	<DL	<DL	<DL	<DL	0.00019	<DL
	六价铬/(mg/L)	<DL	<DL	<DL	<DL	<DL	<DL	<DL	<DL
	铅/(mg/L)	<DL	<DL	<DL	<DL	0.0067	<DL	0.00127	0.0013
	氰化物/(mg/L)	<DL	<DL	<DL	<DL	<DL	<DL	<DL	<DL
	挥发酚/(mg/L)	<DL	<DL	<DL	0.0012	0.0003	<DL	<DL	<DL
	硫酸盐/(mg/L)	44.47	52.85	80.62	71.93	72.75	67.38	—	—
	氯化物/(mg/L)	8.65	8.08	12.56	11.41	9.64	9.09	—	—

续表

年　份		2011	2012	2013	2014	2015	2016	2017	2018
水质指标	硝酸盐氮/(mg/L)	2.18	2.23	1.77	2.08	2.17	2.27	—	—
	铁/(mg/L)	<DL	<DL	<DL	<DL	0.026	<DL	—	—
	锰/(mg/L)	<DL	<DL	<DL	<DL	<DL	<DL	—	—
	总氮/(mg/L)	2.45	2.53	2.10	2.46	2.48	2.74	—	—
水质类别（总氮不参与评价）		Ⅲ类	Ⅲ类	Ⅱ类	Ⅲ类	Ⅱ类	Ⅲ类	Ⅱ类	Ⅱ类

根据洛阳市水文水资源勘测局 2011—2018 年水质监测资料，按照《地表水环境质量标准》划分，2013、2015、2017、2018 年水质类别为Ⅱ类（不含总氮）；2011、2012、2014、2016 年为Ⅲ类（不含总氮）。

从可能影响水质类别的主要指标考虑，2011—2018 年，化学需氧量从 8.5mg/L 增加到 11.83mg/L，增长了 39%；五日生化需氧量从 0.4 mg/L 增加到 1.51 mg/L，增长了 278%；总磷从 0.033mg/L 增加到 0.038 mg/L，增长了 15%；氟化物从 0.53mg/L 增加到 0.58 mg/L，增长了 9%。2011—2016 年，硫酸盐从 44.47 mg/L 增加到 67.38 mg/L，增长了 52%；氯化物从 8.65 mg/L 增加到 9.09 mg/L，增长了 5%；总氮从 2.45 mg/L 增加到 2.74 mg/L，增长了 12%。可见，这些主要监测指标的增长率基本都在 10% 以上，尤其是五日生化需氧量增长了 278%，说明随着故县镇经济和旅游业的发展，水体富营养化程度呈上升趋势。

2018 年，故县水库各监测评价因子中除高锰酸盐指数、总磷符合Ⅱ类水质标准外，其他各因子类别均符合Ⅰ类水质标准，综合类别达到Ⅱ类水质目标。综合营养状态指数为 44.1，营养状态为中营养。与 2017 年相比，水库水质类别维持在Ⅱ类。

根据以上对入故县水库前的洛河大桥断面和故县水库库区断面的历年水质监测数据可以看出，故县水库在 2016 年以前库区水质还在Ⅱ类、Ⅲ类之间变化，2016 年划定国家重点生态功能区之后，水质稳定维持在Ⅱ类。重点生态功能区的划定对故县水库水质的稳定做出了一定的贡献。

4.2.2　水库污染原因及污染源甄别

故县水库自 1994 年建成投入运行以来，在除害兴利、促进国民经济发展和保障下游人民生命和财产安全方面，发挥了重大作用。近年来，随着卢氏县经济产业结构的调整和水库周边经济迅速发展，污染排放量增加，水质指标值增加。

根据对水库流域上游的历史资料调查收集和实地调研，造成故县水库污染的主要因素如下。

1. 农业生产造成的化肥农药污染

水库水源区的农作物主要包括小麦、玉米、大豆、烟叶、药材及蔬菜故县等，在农作物的种植管理过程中，大量使用农药、化肥。故县水库水源区2011—2017年农药使用量、化肥施用量见表4.3和图4.2。由表4.3和图4.2中数据可见，2011—2016年，农药使用量逐年增加，2017年农药使用量有所下降；2011—2015年，化肥施用量逐年增加，2016年后，化肥施用量有小幅减少。按照相关文献分析，所施用的化肥、农药仅有30%左右被有效吸收，其余大都被雨水冲刷入库，对水库水质产生较为显著的影响。

表4.3 故县水库水源区2011—2017年农药使用量、化肥施用量

年 份	2011	2012	2013	2014	2015	2016	2017
农用化肥施用量/t	8886	9581	9784	10087	10300	10166	10165
农药使用量/t	92	109	109	118	121	140	137
烟叶种植面积/hm²	5482	—	—	—	5938	5560	5942
烟叶产量/t	10236	—	—	—	12279	13388	11973

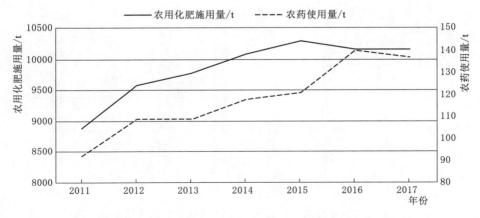

图4.2 故县水库水源区2011—2017年农药使用量、化肥施用量图

烟叶是故县水库水源区的经济支柱产业之一，2011—2017 年，故县水库水源区烟叶种植面积由 5482hm² 增加到 5942hm²，增加了 8.39％；烟叶产量由 10236t 增加到 11973t，增加了 16.97％。在烟叶产业的发展过程中，通过将林地、田地改为种植烟叶等措施来扩大烟叶种植面积，破坏了水库周边的护岸林、涵养林，造成了水土流失，大量蕴藏在土壤中的有机质随水土流失进入库区，加剧了水库的富营养化。同时，在烟叶种植的管理中要施用大量的化肥、农药，据调查，每亩烟叶每年要施用化肥约 60kg，每周都要对烟叶喷洒农药，特别是采收期，要每隔 3 天要喷洒一次，造成的农药化肥污染严重。农用化肥施用量从 2011 年的 8886t 到 2017 年的 10165t，增加了 14.39％；农药使用量从 2011 年的 92t 增加到 2017 年的 137t，增加了 48.91％。

2. 工业废水污染

故县水库水源区的工业主要为采矿业和制造业，包括黑色金属采选业、有色金属采选业、农副食品加工业、非金属矿物制品业、医药制造业、木材加工制品业等。根据卢氏县统计年鉴，2011—2017 年故县水库水源区工业增加值逐年增长，见图 4.3。从图 4.3 可以看出，2011—2015 年故县水库水源区工业增加值一直呈增长趋势，2016 年以来工业增加值有所下降。工业增加值的增加，使得工业废水的排放也在增加，对水库水质造成影响。故县水库水源区以上污水收集处理基础设施及配套管网建设还不够完善，入库河流两岸还存在不规范排污的情况。

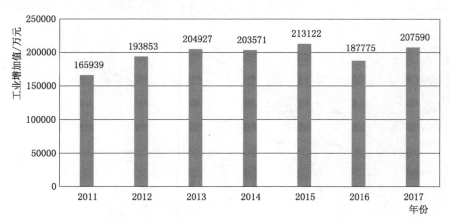

图 4.3　故县水库水源区 2011—2017 年工业增加值

此外，2016 年，卢氏县被划定为全国重点生态功能区，在工业发展方面存在着诸多限制，这些因素的存在，导致 2016 年后故县水库水源区的工业增加值有所下降。

3. 水库上游畜禽养殖业污染

故县水库水源区的畜牧业主要为养殖猪、牛、羊、家禽等，2011—2017 年畜牧业生产情况见表 4.4 和图 4.4。可以看出，牛的期末存栏量一直呈逐年下降的趋势；猪、羊的期末存栏量在 2011—2015 年有逐年上升的趋势，然后自 2016 年以来，期末存栏量呈下降趋势；家禽期末存栏量自 2016 年以来，下降趋势明显。

畜牧业发展的同时，也带来了较大的环境压力。故县水库水源区畜牧养殖业每年排粪尿近 40 万 t，其中化学需氧量近 1 万 t、总氮约 1000t、总磷约 600t。大部分养殖场已建设了污染防治设施，但仍有部分小型养殖专业户基本无污染治理设施，废水直排、养殖废弃物乱扔乱堆，还有部分养殖场虽然建了污染治理设施，但技术工艺效果不好，最终设施也不能正常运行。畜牧养殖污染已成为库区污染的一个重要来源。

表 4.4　　　故县水库水源区 2011—2017 年畜牧业生产情况

年　份		2011	2012	2013	2014	2015	2016	2017
猪/头	期末存栏	23327	24661	25297	25557	15389	16493	13865
	当年出栏	27028	32005	34258	33612	26246	27733	28657
牛/头	期末存栏	51253	51453	49715	41528	38158	24417	24356
	当年出栏	15638	13548	13726	16773	18859	17121	15250
羊/只	期末存栏	18363	18542	19006	30241	32818	29010	28842
	当年出栏	16532	14655	14961	16549	19118	20853	20490
家禽/只	期末存栏	908126	1077821	908126	1006977	922367	780570	781983
	当年出栏	352906	341379	352906	405912	465277	414403	492199

4. 水库上游周边乡镇的生活污染

故县库区居民主要生活分布在洛宁县的故县和卢氏县的范里两镇（乡）[73]，共有居民 2 万余人，生活污水未经处理直接排入库区的有 6 个村庄，平均年生活污水排放量 60 万 t，主要污染物 COD 年排放量 123t、氨氮年排放量 31t。

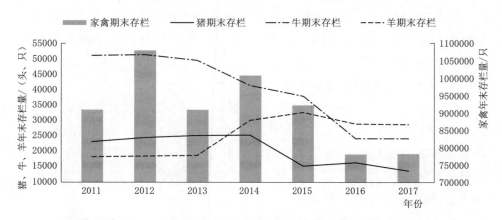

图 4.4　故县水库水源区 2011—2017 年畜牧业期末存栏量

　　水库上游周边的村镇产生的生活污水、生活垃圾，对入库河流造成污染。近年来，实施了一系列的措施进行治理，如改厕、改圈工程，取缔排污水的小作坊，对部分河段进行治理，将河道两侧的居民生活污水截污后经三级化粪池处理再排放，建设一些简易的垃圾处理设施，使生活垃圾污染情况有所改善。但由于缺乏长效机制及垃圾清运车辆等必要的配套设施，收集后的垃圾仍未清运出库区，而是在库区附近区域就地填埋或贮存，一旦到洪水季节，大量堆存的生活垃圾很有可能被冲刷入库，生活垃圾的污染隐患没有根除。

　　2015 年洛阳市人民政府制定并实施了《故县水库饮用水源环境保护工作方案》（洛政办〔2015〕25 号）。在市政府的统一安排部署下，有关部门围绕饮用水水源保护工作做了许多探索和努力，取得了一定成绩。

　　5. 库区涵养林局部呈退化趋势

　　故县库区内植被类型共划分出针叶林、阔叶林、竹林、灌丛、草丛 5 个类型，17 个群系，21 个群丛。20 世纪八九十年代，由于库区内长期的农业生产和经济活动，其涵养林局部植被出现逐年减少的情况，而且库区内涵养林地植被中、幼林比重大，林地树种单一，造成水库区域内水土、化肥和农药流失等生态环境问题。

　　水环境的污染是点污染源和非点污染源共同作用的结果。目前，故县水库水源区在点污染源控制方面采取了一系列有力措施，并收到了一定的成效。但故县水库水源区污染综合整治工作仍具有复杂性和艰巨性，故县水库水源区的非点污染源特别是农业化肥、农药未能得到有效的控制，水质仍有恶化趋势，水库水质富营养化趋势加重。

因此，为保障故县水库水质安全，有必要进一步加大资金投入，面向工业生产、农业生产、畜禽养殖和乡镇生活产生的污染采用有针对的预防和治理措施。

4.3 水生态补偿机制建设现状

实施生态保护补偿是调动各方积极性、保护好生态环境的重要手段，是生态文明制度建设的重要内容。针对水源地水生态补偿实际情况，河南省、洛阳市、三门峡市有关部门开展了制度建设、保护区划分、公益林补偿等多项工作。

4.3.1 制度建设

1. 国家级

关于水源地及生态补偿等问题，我国颁布实施了《中华人民共和国水法》《中华人民共和国水污染防治法》《中华人民共和国环境保护法》等涉水法律，对故县水库水源地保护提供了有力支撑。《中华人民共和国水污染防治法》中明确提出"国家通过财政转移支付等方式，建立健全对位于饮用水水源保护区区域和江河、湖泊、水库上游地区的水环境生态保护补偿机制"。2011 年中央一号文件《中共中央 国务院关于加快水利改革发展的意见》提出"加强水源地保护，依法划定饮用水水源保护区，强化饮用水水源应急管理，建立生态补偿机制"。为水源地实施生态补偿提出了明确要求。国务院办公厅《关于健全生态保护补偿机制的意见》（国办发〔2016〕31 号）提出"在江河源头区、集中式饮用水水源地、重要河流敏感河段和水生态修复治理区、水产种质资源保护区、水土流失重点预防区和重点治理区、大江大河重要蓄滞洪区以及具有重要饮用水源或重要生态功能的湖泊，全面开展生态保护补偿，适当提高补偿标准。加大水土保持生态效益补偿资金筹集力度。"

为贯彻落实党中央、国务院关于构建生态文明体系的决策部署，推动保护和改善生态环境，加快形成符合我国国情、具有中国特色的生态保护补偿制度体系，国家发展改革委在前期广泛调研和专家论证的基础上，研究起草了《生态保护补偿条例（公开征求意见稿）》，并于 2020 年 11 月 27 日至 12 月 27 日向社会公开征求了意见，强化和落实有关部门在生态保护补偿领域的职责，为建设生态文明提供法治保障。

2. 省级

2010 年 1 月实施的《河南省水环境生态补偿暂行办法》（豫政办〔2010〕9 号）第七条规定"对于饮用水水源地跨行政区域的省辖市，当饮用水水源地水质考核断面全年达标率大于 90％时，对下游省辖市扣缴水源地生态补偿金，全额补偿给上游饮用水水源地省辖市。水源地生态补偿金按照"下游省辖市每年度利用水量×0.06 元/m³ 计算。"第八条"水源地生态补偿金计算依据为《河南省集中式饮用水水源地水质监测月报》中的水量数据，按年计算。"该办法于 2017 年废止。

2017 年 6 月实施的《河南省水环境质量生态补偿暂行办法》，对饮用水水源地水质生态补偿规定："以省辖市、省直管县（市）政府的饮用水水源地及水质目标值为基准，所有饮用水水源地水质均必须达到或优于Ⅲ类。当月每出现 1 个水质为Ⅰ类水的饮用水水源地，分别给予省辖市、省直管县（市）20 万元、4 万元生态补偿。饮用水水源地水质同Ⅲ类水质相比，当月单个饮用水水源地水质每下降一个水质类别，分别扣收省辖市、省直管县（市）200 万元、40 万元生态补偿。"

3. 市级

（1）洛阳市。《洛阳市饮用水水源环境保护管理办法》（洛政办〔2013〕78 号）于 2013 年颁布实施，除明确了有关部门和单位对饮用水水源保护和管理的具体职责，还对饮用水水源的保护与管理做出相应规定。例如：禁止与水源保护无关的船舶进入饮用水水源一级保护区；禁止在饮用水水源一级保护区内建设寺庙、墓地等；禁止在饮用水水源二级保护区内审批和建设畜禽养殖场；禁止在地表饮用水水源二级保护区内的空域建设高架桥；禁止装有危险化学品的船舶在陆浑水库上游流域航行。此外，排污单位违反有关法律法规，污染或可能污染饮用水水源的，由环保部门依法进行查处，其他有关部门依据各自执行的法律法规对环境违法行为进行查处等。

《洛阳市 2018 年水环境质量考核暨生态补偿办法》于 2018 年颁布实施，对集中式饮用水水源地水质生态补偿做出了具体规定。对市级集中式饮用水水源地，城市区市级地下水型集中式饮用水水源地每出现1个水质达到Ⅱ类及以上的，给予水源地所在城市区生态补偿金20万元；陆浑水库市级地表水型集中式饮用水水源地水质为Ⅱ类以上，给予嵩县生态补偿金20万元。集中式饮用水水源地水质与Ⅲ类水质相比，城市区市级集中式饮用水水源地水质每下降一个水质类别，扣缴水源地所在城市区生态补偿金200万元；陆浑水库市级集中式饮用水水源地水质每下降一个类别，而当月栾川县汤营断面水质达标时，扣缴嵩县生态补偿金200万元，栾川县汤营断面水质不达标时扣缴嵩县、栾川县生态补偿金各100万元。对县级集中式饮用水水源地，每出现1个水质为Ⅰ类、Ⅱ类的地下水集中式饮用水水源地或Ⅰ类的地表水集中式饮用水水源地，给予县（市）生态补偿金20万元。集中式饮用水水源地水质与Ⅲ类水质相比，当月单个集中式饮用水水源地水质每下降一个类别，扣缴所在县（市）生态补偿金200万元。

（2）三门峡市。根据三门峡市生态环境局公布的数据，三门峡市水环境质量生态补偿包括地表水考核断面、饮用水水源地、水环境风险防范的生态补偿。2018年共支偿水环境质量生态补偿金1622万元，得补130万元，具体见表4.5。

表4.5　　　　2018年三门峡市水环境质量生态补偿结果　　　单位：万元

生态补偿结果	县、市、区	1月	2月	3月	4月	5月	6月	7月	8月	9月	10月	11月	12月	全年合计
生态支偿	义马市	70	45	245		30	45	85						520
	陕州区	30	43	83	41	45	60	43	60	43	43	43	90	624
	灵宝市	26	35	77	35						1	39		213
	渑池县		30	45	45	45	30			30				225
	开发区			40										40
	合计	126	153	490	121	120	135	128	60	73	44	82	90	1622
生态得补	卢氏县	8	10	4	6	4	6	2	4	4	6	6	4	64
	灵宝市					14	4	12	16	6			8	60
	渑池县										2	2	2	6
	合计	8	10	4	6	18	10	14	20	10	8	8	14	130

根据三门峡市财政局《关于扣缴奖励 2017 年度及 2018 年 1—10 月份城市环境空气质量和水环境质量生态补偿金的通知》（三财预〔2018〕683/997 号），截至 2018 年 10 月，水环境质量生态补偿金结余 1218.35 万元。为改善水环境质量，加快推进水污染防治工作，结合三门峡市水污染防治工作实际，将水环境质量生态补偿金 1218.35 万元中 1112 万元分配到各县（市、区），见表 4.6。其中 86 万元用于水源地专项整治，其余用于水环境改善治理工作。

表 4.6　　　　　　　三门峡市市级生态补偿金分配表

序号	名　　称	资金使用方向	金额/万元
		合　　计	1112
1	陕州区	涧河流域观音堂镇、青龙涧河流域西张村镇及菜园乡、金水河流域水污染防治	340
2	义马市	涧河流域水污染防治	210
3	渑池县	涧河流域（含支流）水污染防治	210
4	灵宝市	优先考虑卫家磨水库周边 4 个村庄，其他饮用水源地周边、宏农涧河沿岸、阳平河沿岸等水污染防治	250
5	城乡一体化示范区	水源地环境问题整治	20
6	三门峡市自来水公司	水源地保护及环境问题整治	20
7	监测站	水环境监测监控相关费用	46
8	"十三五"生态环境保护规划中期评估	"十三五"生态规划中期评估	6
9	12369 举报奖励	12369 举报奖励	10

卢氏县自 2018 年开始至 2020 年 10 月，共计水生态得补 118 万元，具体见表 4.7。

表 4.7　　　　　　　卢氏县水生态得补情况表

年　份	2018	2019	2020（1—10 月）	累计
资金数额/万元	64	−2	56	118

注　生态得补为正值代表卢氏县得到补偿金额的数目，生态得补为负值代表卢氏县需要支付补偿款的数目。

长期以来卢氏县水环境质量良好，属于生态得补的对象，然而生态补偿中罚款额较大，而补偿额较小。因 2019 年 6 月份，卢氏县水生态支偿 54 万元，导致 2019 年水生态得补额为负值。

4.3.2 自然保护区划分

（1）自然保护区。伊洛河流域涉及两处自然保护区，分别为陕西省骆南大鲵省级自然保护区和卢氏县大鲵省级自然保护区。

（2）水源地保护区。伊洛河流域内有 1 处饮用水水源地保护区列入《全国重要饮用水水源地名录》，为洛河地下水水源地，位于洛阳市。河南省政府已批复划定水源保护区的水源地共有 16 个，地下水源地 13 个，湖库型水源地 3 个。陕西省政府划定水源保护区的水源地共有 1 个，为李村水库水源地保护区。

（3）水产种质资源保护区。水产种质资源保护区有洛河鲤鱼国家级水产种质资源保护区等。

（4）源头水保护区。根据《全国重要江河湖泊水功能区划》伊洛河流域划分有源头水保护区 2 个，为洛河洛南源头水保护区、伊河栾川源头水保护区。

（5）重要湿地。伊洛河流域内湿地数量较少，主要为河道湿地，其中陕西省从洛南县洛源镇洛源村到灵口镇戴川村沿洛河至陕、豫省界，包括洛河河道、河滩、泛洪区湿地被划为陕西省重要湿地。根据已批复的《陕西省主体功能区规划》，洛南洛河湿地所在区域为禁止开发区。

（6）生态流量。水利部制定的《黄河水量调度条例实施细则》明确规定了伊洛河入黄断面最小流量指标及保证率。《伊洛河流域水量分配方案》明确规定了洛河入河南断面的最小流量指标。

以上各项政策与措施实施，在一定程度上促进了伊洛河流域及河流生态的保护工作。

4.3.3 故县水库饮用水源环境保护工作

饮用水水源地的环境直接影响到水质安全，关系到广大人民群众的身体健康及社会稳定。为切实做好故县水库水污染防治和饮用水水源水质保护工作，消除影响水质的安全隐患，提高水环境质量，确保故县水库水质达到饮用水源供水要求，结合实际，洛阳市政府制定了《故县水库饮用水源环境保护工作方案》（洛政办〔2015〕25 号），通过对故县水库及周边各类污染源进行集中整治，进一步改善故县水库及周边环境质量，确保故县水库水质满足饮用水水源水质要求；建立故县水库饮用水水源保护和监管长效机制，按照饮用水水源地的标准严格管理，确保集中式饮用水水源地水质安全。

4.3.4　卢氏县水环境保护工作

卢氏县位于河南省西部，是河南省面积最大、人口密度最小、平均海拔最高的深山区县，森林覆盖率达 69.34%，原始生态保存完好，是全国重点生态功能保护区。境内河流分属黄河、长江两大水系，多条河流被划为重要的水源地保护区。熊耳山岭以北有洛河和杜荆河，流域的故县水库和卫家磨水库是洛阳市和三门峡市城市饮水的水源地；熊耳岭以南的老灌河、淇河是汉江支流丹江的上游，为南水北调中线工程丹江口水库的水源地。

（1）不断加大对卢氏县长江流域生态功能区的转移支付规模。卢氏县作为国家南水北调中线工程丹江口库区上游汇水区于 2008 年享受财政转移支付资金补贴，2010 年被列为河南省 8 个国家重点生态功能区之一，对县域全境按国家重点生态功能区的要求开展生态环境保护工作，每年进行考核。近年来，县委、县政府高度重视县域生态环境保护和改善工作，始终把生态环境保护作为一项政治任务和民生工程来抓，投入 10 余亿元，深入开展环境污染防治、生态环境保护与修复、农村人居环境整治等工作，使得全县生态环境质量大幅改善，青山绿水好空气的美丽好生态得到有效巩固和提升，获得生态转移支付资金逐年增加。具体情况见图 4.5。

2008—2020 年，省财政共下达卢氏县生态功能区转移支付 9.037 亿元，年均增长 21.24%，其中 2019 年下达卢氏县的生态功能区补助为11580 万元，相当于当年一般公共财政预算收入的 14.2%。

（2）增加对卢氏县水环境保护工作的支持力度。2013 年以来，三门峡市向卢氏下达了多项环境保护资金，用于卢氏县的生态环境保护工作，其中包括生态乡镇、生态村建设资金，美丽乡村建设资金，农村环境综合整治类资金，水环境生态补偿金，大气污染防治资金，农村以奖促治资金等多项。

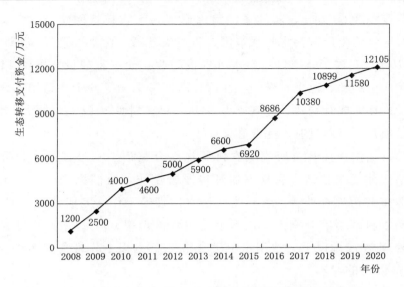

图 4.5　卢氏县生态功能区历年生态转移支付资金

（3）加大卢氏县林业投入。卢氏县作为河南省第一林业大县，曾经的国家级贫困县，河南省、三门峡市在林业方面的投入不断加大，近年来的林业项目尽量向卢氏县倾斜。2017 年河南省全省开始实施的新一轮退耕还林工程，全省任务 5 万亩，分配给三门峡市的 2 万亩任务，全部安排在卢氏县。2018 年，三门峡市发展改革委、市财政局、市农业畜牧局、市国土资源局和市林业和园林局联合上报的 2018 年新一轮退耕还林工程 1.96 万亩建设计划，也全部安排在卢氏县。考虑到近年来造林成本、物价水平上涨等因素，为进一步调动退耕农民的积极性，从 2017 年起，退耕还林补助资金提高到 1600 元/亩，补助资金分 3 次下达，第一年 900 元/亩，第三年 300 元/亩，第五年 400 元/亩。

同时，其他中央财政补贴造林项目、省级造林工程以及森林抚育等各类项目任务也向卢氏倾斜，退耕还林、天然林保护、公益林建设等任务主要在河流沿线第一层山脊的陡坡山地落实进行，从而逐步改善河流沿岸的生态环境。

（4）逐步实施卢氏县黄河流域农村污水治理项目建设。结合《卢氏县农村污水治理专项规划（2018—2035 年）》实际，积极筹措资金，逐步实施了黄河流域各乡镇污水处理设施建设项目。其中，投资 819.62 万元，完成了官坡镇、双龙湾镇、徐家湾乡等 3 个乡镇污水处理设施建成并投入运行；投资 3000 万元，实施了洛河南岸区污水收集管网建设，将文峪乡纳入城区洛河南岸区污水收水范围，与卢氏县第二污水处理厂连接；投资 2000 万元，完成了官道口镇污水处理设施改扩建工程建设；投资 1447 万元，完成了杜关、范里、横涧、沙河、潘河、木桐等 6 个乡镇镇区污水管网建设。在完成管网建设的基础上，2020 年谋划实施了六乡镇污水处理设施建设项目，目前已基本完成建设。

（5）加快卢氏县黄河流域农村环境综合整治。一是按照农村环境综合整治工作要求，结合农村人居环境改善工作，协同推进"厕所革命"、畜禽养殖粪污综合处置、农村生活污水治理等工作，完成黄河流域 89 个村庄的农村环境综合整治，达到生活污水治理率 60％以上、生活垃圾无害化处理率 70％以上、饮用水卫生合格率 90％以上、畜禽粪污综合利用率 70％以上的要求。

二是为保障洛河支流文峪河和沙河的水环境质量，保障饮水安全，在文峪乡大石河村至香子坪村沿线和沙河乡张家村开展农村环境综合整治示范工程项目建设，总投资 6289.25 万元，建设集中式和分散式污水处理设施共 170 套，完善末端人工湿地 6 座，配套改厨改水改厕，建设生活垃圾一体化高温热解气化消纳焚烧厂 2 座，填平补齐垃圾收集转运设施设备，完善末端远程监管监控系统平台 1 套，通过政府购买服务形式采购三年项目运行管理与维护，确保农村环境综合整治项目建实、见效，减少了农业生产生活对流域水环境的影响。

（6）狠抓卢氏县黄河流域排污口整治。结合"河长制"，将重点流域周边环境敏感区纳入属地乡镇政府管护范围，狠抓截污纳源，排查所有乡镇主要流域入河排污口，发现入河排污口 45 处，督促所属乡镇制订方案、明确责任、立行立改。

4.4　故县水库生态补偿工作现状及存在的问题

作为故县水库上游汇水区，卢氏县高度重视水资源利用与保护工作，近年来围绕黄河流域生态保护和高质量发展，通过实施流域治理和修复、执行最严格的项目准入制度等措施，出境水质连续优于国家地表水环境质量Ⅲ级标准，境内生态环境质量逐年改善，生物多样性保护效果明显。为保持良好的水生态环境，实现水资源的可持续利用，卢氏县不断加大水环境保护与治理的工作力度及资金投入，在水资源保护与利用方面已成为全省付出巨大发展成本的县市之一。

故县水库 2014 年被洛阳市政府划定为集中式水源地，2019 年划定水源地保护区。经过分析，认为故县水库水源区当前生态补偿基础工作较为薄弱，主要存在以下问题。

（1）水源区生态补偿工作基础薄弱，制约了水库水质改善。为保护故县水库，尽管采取了一些污染治理的措施，但是由于污染设施的运行等需要一定的费用，保护故县水库的内生动力不足，故县水库的生态补偿工作较为薄弱。尤其是通过对故县水库水源区乡镇居民问卷调查，居民群众中普遍认为当前的生态环境保护对于促进收入增加的作用不明显，在调查的人群中，仅有 2.9%的人认为保护生态环境能够促进收入增加，但是幅度不大。在缺乏一定的经济收益的前提下，故县水库居民主动投身保护故县水库的意愿不强烈，普通群众未获得补偿，认知度和共识度较低，在很大程度上制约了故县水库水质的有效改善。

（2）缺乏生态补偿相关的机制。卢氏县作为国家南水北调中线工程丹江口库区上游汇水区，自 2008 年以来一直享受财政转移支付资金补贴，在长江流域已建立起相关的生态补偿良性循环机制。2014 年故县水库被河南省人民政府确定为饮用水水源地，2016 年卢氏县被纳入国家重点生态功能区。根据《关于加强国家重点生态功能区环境保护和管理的意见》，对于国家重点生态功能区，要严格控制开发强度，加强产业发展引导，全面划定生态红线，加强生态功能评估，强化生态环境监管，健全生态补偿机制。

卢氏县作为故县水库的上游汇水区和国家重点生态功能区，承担着水源涵养、水土保持和生物多样性维护等重要生态功能，需要在国土空间开发中限制进行大规模高强度工业户城镇开发，在经济与社会发展中，存在着有保护责任、有治理要求、有限制性法规而无补偿机制、项目资金短缺的矛盾，这严重影响了卢氏县地方经济的可持续发展。

根据现场调查及走访，为解决故县水库生态环境补偿问题，大部分受访者认为以经济补偿的手段更为有效，另有部分居民群众认为需要进一步完善法律法规及其执行，也有少部分群众认为需要强有力的行政命令推进水源区生态环境保护。

　　因此，有必要学习借鉴国内外生态补偿领域已经获取成功的先进经验，从改善故县水库水质、保障供水水质安全、维护水源区居民生计和生活条件改善、建立水库水质保护的长效机制方面，针对制约故县水库水质改善的重要因素，充分调研库区居民群众的主要意愿，建立故县水库水源区生态补偿机制，明确补偿的主客体，科学计算补偿标准，制定生态补偿方案，建立起故县水库水生态补偿的长效机制。

第5章 故县水库水源地水生态补偿机制建设总体要求

5.1 指导思想

全面贯彻党的十九大精神，按照党中央、国务院以及水利部的决策部署，以推进生态文明建设为指导，坚持"节水优先、空间均衡、系统治理、两手发力"的新时期水利工作方针，以保护和改善生态环境质量和保障饮用水安全为根本出发点，以水源地可持续发展、促进人与自然和谐发展为目的，以落实生态环境保护责任、理清相关各方利益关系为核心，着力建立和完善故县水库水生态补偿标准体系，探索解决水库水源地水生态补偿关键问题的方法和途径，充分发挥政府指导和市场作用，不断完善转移支付制度，研究建立多元化生态保护补偿机制，逐步扩大补偿范围，合理提高补偿标准，有效调动全社会参与生态环境保护的积极性，促进生态文明建设迈上新台阶。

5.2 建设目标

水生态补偿是生态系统补偿的重点组成部分，建立水生态补偿机制，是进一步提高区域水资源安全保障水平、促进水资源可持续利用、维护水生态安全的有效举措，对于加快转变经济发展方式、促进生态文明建设、实现经济社会发展与资源环境相协调具有重要意义。

建立健全故县水库水源地水生态补偿机制，其主要目的是建立水源地生态环境保护的良性机制，明确各利益相关方责任，实现让受益者付费、保护者得到合理补偿，促进保护者和受益者的良性互动，保障故县水库水源地保护区生态环境良好、入库水质稳定。

5.3　主要原则

5.3.1　政府主导、市场运作原则

水资源作为一种公共产品，具有公共物品的属性，可以将水资源作为交易主体，将其外部效益内部化。故县水库水源地水生态补偿，要综合运用行政和市场手段，积极拓宽资金筹措渠道，以政府为主导，加大对饮用水水源地生态环境保护的投入，不断提升饮用水水源保护区保护和建设水平。洛阳市等各级人民政府代表用水受益方统筹市财政资金和社会资金向水源地所在的县级人民政府实施水生态补偿，转移支付补偿资金；受偿区县级人民政府要根据保护区受损人群实际情况和水源地环境保护任务，建立定向和统筹相结合的分配机制，合理实施补偿金分配。结合市场政策，考虑对水源地使用者征收生态环境补偿费用等。

5.3.2　统筹兼顾、共同发展原则

水源地保护区与用水区之间是有机联系的，是不可分割的整体。公平地确定与生态补偿有关联的相关利益者间关系是经济欠发达地区饮用水源地水生态补偿的关键问题。将其带来的外部性经济化，有利于补偿手段、补偿依据和补偿标准的合理确定，有利于实现水资源环境的可持续发展。开展故县水库水源地水生态补偿，要按照统筹区域协调发展的要求，兼顾水源保护区和用水区共同利益，统筹推进不同区域环境保护和经济社会发展，合理补偿水源保护区因落实水源环境保护责任而产生的经济损失和发展机会损失，促进区域间共同发展。

5.3.3　公平公正、责权统一原则

饮用水资源是大自然赐予人类的共有财富，属于公共物品，所有人都拥有平等享受水资源的权利。制定饮用水源地水生态补偿的标准应体现公平性和合理性，公平合理应是补偿标准核算需要遵循的最基本原则。坚持"谁受益，谁补偿"，用水受益人和单位有责任向水源保护区提供适当的补偿；坚持"谁受偿，谁保护"与"谁污染，谁赔偿"，根据饮

用水水源环境保护标准，逐步建立责权利相一致、规范有效的饮用水水源地水生态补偿机制。受补偿的水源地保护区应严格落实水源保护责任，制止一切危害水源环境安全的行为。

5.3.4 循序渐进、先易后难原则

故县水库水源地水生态补偿机制坚持循序渐进，先易后难原则，要立足现实，着眼当前，规划长远。根据河南省、洛阳市的财力条件，逐步完善补偿政策，因地制宜选择生态补偿模式，分阶段提高补偿额度，努力实现精准补偿、损益相当，由点到面，努力实现生态补偿的制度化、规范化。

5.4 主要依据

5.4.1 法律法规

1）《中华人民共和国水法》；

2）《中华人民共和国水污染防治法》；

3）《中华人民共和国环境保护法》；

4）《水污染防治行动计划》；

5）《退耕还林条例》；

6）《河南省水污染防治条例》；

7）《饮用水水源保护区污染防治管理规定》；

8）《洛阳市节约用水条例》；

9）《洛阳市水资源管理条例》。

5.4.2 政策文件

1）《中共中央　国务院关于加快水利改革发展的意见》（中发〔2011〕1号）；

2）《国务院关于实行最严格水资源管理制度的意见》（国发〔2012〕3号）；

3）《国务院办公厅关于健全生态保护补偿机制的意见》（国办发〔2016〕31号）；

4）《关于印发河南省主体功能区规划的通知》（豫政〔2014〕12号）；

5）《河南省天然林资源保护工程财政专项资金管理办法实施细则》

（豫财农〔2014〕259号）；

6）《国家发展改革委办公厅关于明确新增国家重点生态功能区类型的通知》（发改办规划〔2017〕201号）。

5.4.3　标准规范

1）《地表水环境质量标准》（GB 3838—2002）；

2）《集中式饮用水水源地规范化建设环境保护技术要求》（HJ 773—2015）。

5.4.4　其他文件

1）《伊洛河流域综合规划》（2017年）；

2）《水利部关于印发伊洛河流域水量分配方案的通知》（水资管函〔2019〕139号）；

3）《洛阳市故县水库引水工程初步设计报告》；

4）《故县水库引水工程水资源论证报告书》；

5）《河南省故县水库水源区生态影响调查报告》；

6）《河南省人民政府关于划定调整取消部分集中式饮用水水源保护区的通知》（豫政文〔2019〕125号）；

7）《河南省人民政府办公厅关于印发河南省水环境生态补偿暂行办法的通知》（豫政办〔2010〕9号）；

8）《洛阳市人民政府办公室关于印发故县水库饮用水源环境保护工作方案的通知》（洛政办〔2015〕25号）；

9）《洛阳市饮用水水源环境保护管理办法》（洛政办〔2013〕78号）；

10）《故县水库饮用水源环境保护工作方案》（洛政办〔2015〕25号）；

11）《洛阳市2018年水环境质量考核暨生态补偿办法》；

12）《三门峡市水环境质量生态补偿暂行办法的通知》（三政办〔2017〕70号）。

5.5　总体思路

建立和完善故县水库水源地水生态补偿机制是一项比较复杂的系统工

程，涉及经济、社会、资源与环境等多个领域，必须与管理政策、经济政策、行政法律法规等相互配合共同实现。

故县水库水源地生态补偿机制以建立水资源有偿使用机制为核心，实现"国家所有，全民使用，使用者向国家支付，国家向保护（生产）者转移"，转变为"政府支援"为"社会（受益者）支付"，解决水源地人民群众的生存问题，极大地提高他们保护水库优质水资源的积极性，保证下游可以"源源不断"地得到优质水资源，最终实现"多赢"目标。因此，开展故县水库水源地水生态补偿机制工作，首先必须弄清主要水源区的社会经济状况、水源保护情况和自然生态情况；再按照有关规定和要求，明确补偿主体、补偿依据、补偿数量、补偿形式、补偿途径等诸多环节，并界定补偿责任、制定补偿标准、补偿措施，依法提出合理化建议，确保饮用水源生态补偿机制顺利实施。总体思路具体如下。

（1）分析受水区和故县水库水源地现状的经济社会发展水平和水源地生态环境保护工作进展。通过查阅统计年鉴、现场调研等手段，了解洛阳市、洛宁县、宜阳县和卢氏县等等的用水情况和经济社会发展水平，分析现状水源地水资源保护和生态环境保护等工作情况。

（2）补偿范围的确定是理清故县库生态补偿机制相关前提。本次开展的故县水库水源地水生态补偿机制工作，主要针对故县水库水源地库区及上游汇水区，包含水源地保护区，补偿机制的建立以水源地保护区为补偿范围，并适当向上游延伸。

（3）梳理分析相关法律法规。按照有关规定和要求，明确补偿主体、补偿依据、补偿数量、补偿形式、补偿途径等诸多环节，并界定补偿责任、制定补偿标准、补偿措施和具体措施办法。补偿标准分析方法主要采用发展机会成本分析和水源地保护成本费用分析等方法。

（4）提出保障建立故县水库水源地水生态补偿机制良性运行的措施。分别从组织领导、法规建设、监督监管、宣传教育和资金投入等方面，提出保障故县水库水源地水生态补偿机制良性运行的主要措施。

5.6 补偿实施范围的确定

分析行为主体活动对水资源及其赋存的生态服务功能在多大区域空间

范围的影响，是评估生态效益、损失或成本的基础，是水生态补偿标准测算的重要依据。

确定补偿范围应遵循以下原则。

（1）明确责任事权、确定补偿条件。上下游、干支流、左右岸均有水资源开发利用与保护的相关责任、权利和义务，基于相应责任事权与政策，确定补偿目标和条件，在达到规定的条件下实施补偿。

（2）根据损益关系，确定补偿范围。行为主体活动在其应尽责任或应享权利范围内，不产生补偿关系；超越其应尽责任或应享权利对利益相关者形成损益关系，达到补偿条件，对超越部分实施补偿。

故县水库水源地生态补偿实施方案范围包括两个部分：①故县水库水源地保护区范围，主要为洛宁县故县、下峪两乡镇；②故县水库库区上游卢氏县水源区范围，主要为卢氏县木桐、官坡、徐家湾、双龙湾、横涧、潘河、沙河、城关、东明、文峪、范里等 11 个乡镇。

根据调研，故县水库地表水饮用水水源保护区勘界已完成，故县水库作为新确立的水源地，水源地周边防护工程、基础设施建设、生态搬迁安置等尚未完全开展。因此，本次研究重点针对故县水库库区周边的故县镇及上游卢氏县水源区点面源污染治理、地区发展机会损失、库区水土保持治理、库区安全监管四个方面进行生态补偿。

5.7　补偿主、客体的确定

5.7.1　补偿主、客体确定的原则

生态补偿主体、客体应根据利益相关者在生态环境保护、生态环境破坏事件中的责任和地位来确定，生态补偿的付费可根据下面 4 个原则确定。

（1）受益者付费原则。在区域或者流域中，受益者应当对生态环境服务功能提供者支付费用。如对国家生态安全具有重要意义的山水林田湖草的保护与建设，国家级自然保护区、地质遗迹等的保护，受益范围是整个国家，国家应当承担其保护与建设的主要责任。

（2）使用者付费原则。适用于资源和生态要素管理方面，如矿产资源

开发，企业取得资源开发权要向国家交纳资源使用费。生态环境资源属于公共资源，由生态环境资源使用者向国家或公众提供补偿。

（3）破坏者付费原则。适用于区域生态责任的确定。针对行为主体对公益性的生态环境造成的后果，使生态系统服务功能恶化而导致的补偿。

（4）保护者得到补偿原则。在生态环境保护和建设中，做出贡献的集体和个人，要对其投入的直接成本和丧失的机会成本给予一定的补偿和奖励。

5.7.2 补偿主体和补偿客体

（1）补偿主体。生态补偿的主体是指依照相关规定有补偿权利能力和行为能力，负有生态环境和自然资源保护职责或义务，且依照法律规定或合同约定应当向他人提供生态补偿费用、技术、物资甚至劳动服务的政府机构、社会组织和个人。考虑到故县水库补偿范围涉及三门峡市、洛阳市两市，需要河南省政府进行协调，因此，补偿主体确定为供水受益区政府、河南省政府及受益区用水户。

在建立实施故县水库水生态补偿机制时，应坚持政府主导和循序渐进的原则，并适当考虑受水区居民或企事业单位补偿。基于此，本次补偿机制研究考虑资金额度分配、筹措和落实难度等问题，将受益区洛阳市人民政府和上一级政府河南省人民政府列为第一补偿主体，主要是因为补偿涉及三门峡市、洛阳市两个省辖市不同行政单元的利益协调，需要高一级的政府及部分协调处理；将受益区洛阳市（不含吉利区）、洛宁县城和宜阳县城等的供水用水户列为第二补偿主体。

（2）补偿客体。根据故县水库水源地实际，补偿客体主要分为利益受损者和水源地生态保护者及生态建设者两大类。利益受损者主要包括为保护水源地生态环境而搬迁的企业，为减少污染排放量而减少化肥使用量而带来机会损失的农民，为减少畜禽养殖、渔业养殖污染排放量而减少经营收入的养殖户，为维持良好的水资源生态而丧失发展权的其他对象等。水源地生态保护者和生态建设者主要包括故县水库水源地周围水源涵养林的种植及管理者、生态修复与生物净化工程建设与管理者、清淤工程建设与管理者和其他相关建设管理者。

故县水库水源地一级、二级和准保护区位于洛阳市境内洛宁县，上游汇水区位于卢氏县境内。本书将洛宁县、卢氏县政府境内的利益受损者和生态保护建设者列为补偿客体，包括：①洛宁县、卢氏县人民政府；②故县水利枢纽管理局；③洛宁县（包括故县、下峪两个乡镇）、卢氏县水源区（木桐、官坡、徐家湾、双龙湾、横涧、潘河、沙河、城关、东明、文峪、范里等 11 个乡镇）的厂矿企业、养殖户、农民等。

　　具体补偿主、客体见表 5.1。

表 5.1　　　　　　　故县水库水源地补偿主体和补偿客体

补偿原则	补偿目标	补偿主体	补偿客体
谁受益谁补偿谁受偿谁保护	水源地生态良性循环（水体自净能力恢复）	①第一补偿主体：洛阳市人民政府和河南省人民政府；②第二补偿主体：洛阳市（不含吉利区）、洛宁县城和宜阳县城等的供水用水户	①洛宁县、卢氏县人民政府；②故县水利枢纽管理局；③洛宁县（包括故县、下峪两个乡镇）、卢氏县水源区（木桐、官坡、徐家湾、双龙湾、横涧、潘河、沙河、城关、东明、文峪、范里等 11 个乡镇）的厂矿企业、养殖户、农民等

第6章　水生态补偿标准的确定

6.1　水生态补偿标准的计算方法

补偿标准的合理性，直接影响到水源地生态建设和保护的成果，过高或过低都将直接影响生态补偿结果。如果补偿的标准过低或者缺乏补偿，不能弥补水源地居民的损失，则不能满足水源地的发展的需求。

对于经济欠发达地区而言，其本身经济条件有限，因为保护水源地，限制了经济发展，同时又投入大量的人力和财力进行水源地生态环境保护，若补偿标准过低的话，水源地生态保护的成果也会因此得不到保障，若水源地居民不能长久的将保护工作持续下去，补偿将难以发挥其应有的作用。对于提供补偿的区域而言，若补偿的标准过高，对其自身的发展将会受到影响，难以实现补偿的可持续性，同好也缺乏现实可行性，提供补偿的区域不可能在损害自身发展的基础上为其他区域提供超过其承受范围的补偿。保证水源地生态系统的足额供给是生态补偿的最终目的，生态补偿的有效实施，能够对义务承担水源地环境保护的受限发展地区提供补偿，同时促使下游受水区域共同承担水源地环境保护责任。

从经济学理论出发，针对经济欠发达地区饮用水水源地，本书主要从水源地供给主体和受益主体这两个角度，具体从饮用水水源地因生态保护受限发展而丧失的机会成本（间接成本）、保护生态而投入的建设成本（直接成本）、水源地产生的生态系统服务价值、跨区域之间的分摊、及居民对生态补偿的支付意愿等，综合来考虑生态补偿标准的确定。

生态补偿标准计算中的两个关键部分是如何核算水源地居民受限发展的总成本和如何界定水源地生态服务的内部收益（即生态服务价值），因此，本章将从投入和产出两个方面考虑。

生态补偿标准的计算上下限见式（6.1）。

$$DC_t + IC_t \leqslant V_t \leqslant VC_t \tag{6.1}$$

式中：V_t 为生态补偿标准；IC_t 为受限发展的损失；DC_t 为生态保护成本；VC_t 为生态服务价值；t 为年份。

从投入的角度将生态保护实际投入的成本 DC_t 及因受限发展造成的机会成本 IC_t 之和作为生态补偿的下限，即直接成本与间接成本之和；从产出的角度估算水源地生态保护在经济、社会、生态等方面产生的外部效益，即生态系统服务价值 VC_t 作为生态补偿的上限。

（1）生态补偿下限。故县水库水源地保护涉及经济、社会、人口、资源、环境等诸多方面以及洛阳市（不含吉利区）、洛宁县城和宜阳县城各行业对水的需要和上下游的权益，是一项复杂的系统工程。为保障故县水库水源地水质达标，保障故县水库引水工程安全运行，保证洛阳市（不含吉利区）、洛宁县城和宜阳县城城市供水安全和水资源的可持续利用，需要进一步实施故县水库水源地保护工程，同时不断加大管理强度，解决水源地的水量、水质保护问题，控制和改善水源地环境状况，避免水源枯竭、水质恶化。因此，为了恢复、维持和保护整个流域的水质、水土保持等而开展的工程及非工程措施投资，以及为了水环境质量和数量得到进一步改善所开展的工程及非工程措施投资，所有这些投资的总和就是故县水库水源地生态保护总费用成本。这些实际投入通过实地调查和财务统计的方法可以准确地核算出来，是对上游地区的投入建设成本的客观真实反映。此外，因保护水源地水资源和生态环境造成发展机会丧失带来的损失，也是生态补偿标准的重要组成部分。

（2）生态补偿上限。水源地生态服务价值是指社会直接或间接的从生态系统中所获得的全部价值，这些价值包括水源区本身所具有的自然价值（水土保持、气候调节），还包括保护生态环境所带来的社会及生态价值（土壤形成与保护、生物多样性保护、休闲娱乐），以及提供水源所产生的经济价值（食物和原材料生产）。从国民经济的角度全方位的核算水源地价值，也可作为水源地生态补偿量核算的参考标准，由于生态服务价值的核算考虑的方面较多，计算值通常较大，未能考虑受益区对生态补偿的承受能力，故该部分在进行合理的分摊后可作为生态补偿的上限标准。

6.2 基于生态服务价值核算的补偿额度

6.2.1 洛河流域生态服务价值核算量

基于谢高地等[74] 对单位面积生态服务价值当量的研究与上游地区洛河流域的面积，测算出上游水资源系统服务价值，结合水源地取水量以及支付意愿，计算水源地受益区应予补偿的水资源生态系统服务价值。

本书由于基础数据获取关系，采用基于生态价值当量的方式进行测算。参照相关研究成果[75]，2011 年全国各省 1 个生态服务价值当量因子的经济价值量均值为 603.3 元/hm²。根据国家统计局公布的国内生产总值指数对该数据进行修正，计算得到 2019 年修正后均值为 1048.98 元/hm²，最终计算出 2019 年修正后的中国生态系统单位面积生态服务价值，见表 6.1。

表 6.1 修正后的中国生态系统单位面积生态服务价值当量

生态系统分类	生态功能	水资源生态系统价值当量/(元/hm²)	林地生态系统价值当量/(元/hm²)	耕地生态系统价值当量/(元/hm²)
供给服务	食物生产	839.19	304.21	891.64
	原料生产	241.27	692.33	419.59
	水资源供给	8696.08	356.65	20.98
调节服务	气体调节	807.72	2276.3	702.82
	气候调节	2402.17	6818.4	377.63
	净化环境	5821.86	2024.54	104.9
	水文调节	107248.16	4972.19	283.23
支持服务	土壤保持	975.56	2779.81	1080.45
	维系养分循环	73.43	209.8	125.88
	生物多样性	2674.91	2528.05	136.37
文化服务	美学景观	1982.58	1111.92	62.94
总计		131762.93	24074.2	4206.43

根据调研内容，洛河在卢氏县境内流长 122km，境内流域面积 2425km²；洛宁县故县水库库区面积 114.228km²。结合表 6.1，可测算出卢氏县故县水库汇水区部分生态系统服务价值总量为 102327.73 万元，具体见表 6.2；测算出洛宁县故县水库库区生态系统服务价值总量为 16313 万元，具体见表 6.3。

表 6.2　　　卢氏县故县水库汇水区生态系统服务价值

生态系统分类	生态功能	水资源生态系统价值/万元	林地生态系统价值/万元	耕地生态系统价值/万元
供给服务	食物生产	192.01	892.22	333.42
	原料生产	55.2	2030.55	156.9
	水资源供给	1989.65	1046.02	7.85
调节服务	气体调节	184.81	6676.2	262.81
	气候调节	549.61	19997.8	141.21
	净化环境	1332.03	5937.81	39.23
	水文调节	24538.24	14583.02	105.91
支持服务	土壤保持	223.21	8152.95	404.02
	维系养分循环	16.8	615.33	47.07
	生物多样性	612.02	7414.56	50.99
文化服务	美学景观	453.61	3261.17	23.54
总计		30147.19	70607.61	1572.93
合计		102327.73		

表 6.3　　　洛宁县故县水库库区生态系统服务价值

生态系统分类	生态功能	水资源生态系统价值/万元	林地生态系统价值/万元	耕地生态系统价值/万元
供给服务	食物生产	103.68	0.38	0.68
	原料生产	29.81	0.87	0.32
	水资源供给	1074.42	0.45	0.02

生态系统分类	生态功能	水资源生态系统价值/万元	林地生态系统价值/万元	耕地生态系统价值/万元
调节服务	气体调节	99.80	2.86	0.53
	气候调节	296.79	8.56	0.29
	净化环境	719.30	2.54	0.08
	水文调节	13250.72	6.24	0.21
支持服务	土壤保持	120.53	3.49	0.82
	维系养分循环	9.07	0.26	0.10
	生物多样性	330.49	3.18	0.10
文化服务	美学景观	244.95	1.40	0.05
总计		16279.57	30.24	3.19
合计		16313		

6.2.2 故县水库水源地生态服务价值分摊

参照流域生态补偿，故县水库水源地作为新设定的水源地，水源地受水区和流域下游地区均是从上游的生态保护或生态系统服务价值中获益，为确定水源地受水区应向库区和上游汇水区补偿的金额，需要考虑水源地受水区的受益程度，因此，本次研究引入分摊系数 ω 来对上游汇水区的生态系统服务价值进行分摊。

$$\omega = \frac{Q_{引水量}}{Q_{水资源量}} \qquad (6.2)$$

式中：ω 为生态补偿标准分摊系数；$Q_{引水量}$ 为水源地受水区分水量；$Q_{水资源量}$ 为汇水区区间水资源量。

根据《故县引水工程水资源论证报告》，考虑沿线的输水损失，多年平均情况下，故县引水工程 2020 年水平受水区最大毛取水量 9892 万 m^3（日均 27.1 万 m^3），2030 年水平受水区需毛取水量 15768 万 m^3（日均 43.2 万 m^3）。

根据《伊洛河流域综合规划》，洛河流域基准年灵口（省界）～故县水库年地表水资源量 2.85 亿 m^3，根据式（6.2）可以确定对卢氏县洛河流域生态系统服务价值的分摊系数，2020 年为 34.71%，2030 年为 55.33%。

则 2020 年故县水库受益区需向水库上游卢氏县补偿 35516.7 万元,2030 年故县水库受益区需向水库上游卢氏县补偿 56614.2 万元。

故县水库受益区需向洛宁县故县水库库区补偿 16313 万元,无需进行分摊。

因此,故县水库受益区 2020 年共需补偿 51829.7 万元,2030 年共需补偿 72927.2 万元。

由计算结果可知,直接采用当量法计算出的生态补偿标准量比较大,在现阶段资金来源主要依赖政府,补偿意识薄弱、补偿实践不足,补偿资金渠道不完善的条件下还很不现实,因此将基于生态系统服务功能计算价值量仅作为故县水源地水生态补偿的计算上限依据。

6.3 基于水源地发展机会成本的补偿额度

参考《可持续发展背景的水源地生态补偿机会成本核算》[76],流域水资源保护给水源地带来的机会成本包括政府机会成本、个人机会成本和企业机会成本。

6.3.1 政府机会成本

利用机会成本法,水源地保护区政府每年为保护水源而损失的机会成本为

$$P_0 = [(Q_1 - G_1) \times N_1 + (Q_2 - G_2) \times N_2] \times \phi \qquad (6.3)$$

式中:P_0 为水源地政府的机会成本,万元/年;Q_1 为参照地区城镇居民人均可支配收入,元/人;G_1 为水源地城镇居民的人均可支配收入,元/年;Q_2 为参照地区农民人均纯收入,元/人;G_2 为水源地农民纯收入,元/年;N_1 为水源地城镇居民人口,万人;N_2 为水源地农业人口;ϕ 为收益系数,为上游地区财政总收入与其 GDP 的比例。

据 2018 年洛阳市统计年鉴[77] 和 2017 年卢氏县国民经济和社会发展统计公报[78],洛阳市全市城镇居民人均可支配收入 33273.12 元/人,洛宁县 26467.86 元/人,卢氏县 24613.7 元/人;洛阳市全市农民人均纯收入 12510.71 元/人,洛宁县 10026.06 元/人,卢氏县 8817.7 元/人。详见表 6.4 和图 6.1。

表 6.4　　　　2017 年故县水库生态补偿范围内市、区、县经济社会发展指标

指　标	洛阳市全市	老城区	西工区	瀍河区	涧西区	洛龙区	高新区	宜阳县	洛宁县	卢氏县
地区生产总值/万元	42901869							2769794	1895344	911027
人均GDP/元	62982									23941.25
城镇居民人均可支配收入/元	33273.12	33412.36	38782.59	34568.37	34744.51	33970.65	36032.91	26843.97	26467.86	24613.7
农民人均纯收入/元	12510.71	14174.1	15700.59	15918.6	18645.03	14086.38	13613.07	10291.92	10026.06	8817.7
人口/万人	710.1	17.4	33.4	17.9	45.2	37.9	15.1	70.3	49.5	38.0526
常住城镇人口/万人	382.2	18.2	34.2	18	50.4	32.8	10.7	22.3	14.6	7.7738
常住乡村人口/万人	300.1	1.2	2	1.1	0.4	9.4	7.1	39.3	28.8	30.2788

从图 6.1 可以明显看出，位于水源地保护区的洛宁县和水源地上游的卢氏县城镇人均可支配收入、农民人均可支配收入均远低于水源地受益区。根据表 6.4，故县水库水源地受益区〔洛阳市区（不含吉利区）、宜阳县、洛宁县〕城镇人均可支配收入加权为 33760.76 元/人，农民人均可支配收入加权为 11149.68 元/人。

选取参照地区时，选取故县水库水源地受益区〔洛阳市区（不含吉利区）、宜阳县、洛宁县〕城镇加权平均值为参照地区。卢氏县水源区木桐、官坡、徐家湾、双龙湾、横涧、潘河、沙河、城关、东明、文峪、范里等 11 个乡镇作为补偿客体，则发展机会成本合计见表 6.5。

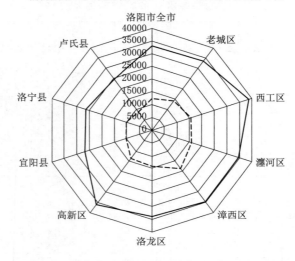

图 6.1　2017 年故县水库生态补偿范围内市、区、
县经济社会发展指标雷达图

表 6.5　　　　　　故县水库卢氏县水源区发展机会成本计算表

名　　称	数　　值
卢氏县水源区城镇人口/万人	7.77
卢氏县水源区农村人口/万人	30.28
城镇人均可支配收入差值/元	9147.06
农村人均可支配收入差值/元	2331.98
城镇发展机会成本/万元	71107.39
农村发展机会成本/万元	70609.52
收益系数	0.08
发展机会成本合计/万元	10766.46

　　水源地保护区所在地故县镇位于洛宁县西部山区，距县城 76km，距洛阳 170km。在洛宁、卢氏、灵宝三县交界处，西接卢氏县，东连上戈镇，东南与下峪镇隔河相望，西北与灵宝市毗邻，镇政府驻地寻峪村。总面积 141.5km²，耕地面积 1400hm²，全乡辖 12 个行政村、81 个村民小

组、112 个自然村，总人口 8734 人，属典型的深山区农业乡，既是洛宁县的西大门，也是洛阳市的西部边镇。境内水域面积 338hm²，水产养殖面积 124hm²。水源地保护区下峪镇位于豫西山区，熊耳山北麓，西施湖东岸，南临栾川，西接卢氏，辖 19 个行政村，148 个村民小组，212 个自然村，16566 口人。总面积 206km²，耕地面积 26300 亩。

　　水源地保护区内故县、下峪乡作为补偿客体，选取故县水库水源地受益区〔洛阳市区（不含吉利区）、宜阳县、洛宁县〕城镇加权平均值为参照地区，则发展机会成本合计见表 6.6。

　　故县水库卢氏县和洛宁县水源区发展机会成本合计为 10982.43 万元。

表 6.6　　　　故县水库洛宁县水源区发展机会成本计算表

名　　称	数　　值
洛宁县水源区农村人口/万人	2.53
农村人均可支配收入差值/元	1123.62
农村发展机会成本/万元	2842.76
收益系数	0.08
发展机会成本合计/万元	215.97

6.3.2　个人机会成本

　　水源地居民在水库建成之后需要付出的其他费用的成本，按照以下公式进行计算：

$$P_f = \sum \frac{C}{(1+i)^n} \qquad (6.4)$$

式中：P_f 为其他费用成本，万元/年；C 为各种费用的总和，万元/年；i 为折现率；n 为建设使用年限。

　　由于故县水库原设计给洛阳市供水 5m³/s，工程供水对象引水流量为 4.18m³/s，属于原设计用水户，根据《故县引水工程水资源论证报告》，通过故县水库多年调节，在保证坝址下游河道内生态基流 4m³/s 和不影响下游河滩地灌区用水条件下，多年平均情况下，可向受水区供水 1.32 亿 m³，可满足 2020 年和 2030 年受水区毛需水量分别为 0.83 亿 m³ 和 1.32 亿 m³ 和供水保证率 95% 的需求。因此，本工程取水暂不考虑对故县水库水电站、下游电站产生的影响给予补偿；退水对其他用水户的影响较小，暂不考虑补偿方案。总体而言，向洛阳市供水属于故县水库原设计目的，目前看来并未出现因向洛阳市供水造成其他用水户用水困难等问题。本次计算不再考虑因故县水库向洛阳供水造成的供水成本增加问题。

6.3.3　企业机会成本

（1）渔业。洛河在卢氏县徐家湾乡以上河段属于未开发河段，其内尚未有水电、水库建设，处于相对自然状态，保留了鱼类生存较好的栖息生境。徐家湾乡以下至故县水库，是开发相对较弱河段，水质条件良好，但受水电站建设蓄水影响，鱼类栖息生境受到破坏，目前仅在较大支流入汇处残存有小范围的鱼类产卵场，故县水库库尾由于条件良好，是河段内较好的鱼类栖息环境。

根据《卢氏县养殖水域滩涂规划（2018—2030 年）》，故县水库卢氏境内水域为限制养殖区。故县水库上游位于卢氏县境内，面积 884.44hm²。工程以防洪为主，兼有灌溉、发电、工业供水和生产饮用水等综合效益，是正在规划中的洛阳市饮用水源地。

根据《河南省渔业统计年鉴 2018》显示，2017 年，全县水产养殖面积 1237hm²，养殖产量 1180t；根据《2017 年河南卢氏县统计年鉴》，卢氏县养殖业总产值 1369 万元，计算可得养殖业产值 1.11 万元/hm²。上游水域 10% 可用于养殖，因限制养殖每年只能按 30% 收入，则每年养殖业损失额 29.45 万元。因此，从养殖业补偿的角度看，卢氏县每年需要被补偿 29.45 万元。

根据《洛宁县养殖水域滩涂规划（2018—2030 年）》，故县水库限制养殖区面积 1235.52hm²。根据《2018 年洛阳统计年鉴》，2017 年年底，洛宁县养殖面积 1980hm²，养殖产量 3322 吨，渔业总产值 717 万元，计算可得养殖业产值 0.36 万元/hm²。故县水库 10% 水域可用于养殖，因限制养殖每年只能按 30% 收入，则每年养殖业损失额 13.34 万元。因此，从养殖业补偿的角度看，洛宁县每年需要被补偿 13.34 万元。

卢氏县和洛宁县故县水库水源区渔业养殖补偿费用合计为 42.79 万元/年。

（2）畜禽养殖业。故县水库设置水源地后，卢氏县划定了水源地安全保障区、禁限养区范围，全县涉及 11 个乡镇畜禽饲养量，按 2017 年计算，猪出栏 28657 头、牛出栏 15250 头、羊出栏 20490 只、禽出栏 492199 只。对上游畜禽养殖业的粪污处理可采用划定畜禽养殖区域、落实畜禽养殖分区管理、推进畜禽养殖废弃物资源化利用等措施。因此，卢氏县计划在洛河流域沿线建立以畜禽养殖废弃物为主要原料的规模化生物天然气工程、大型沼气工程、有机肥厂、集中处理中心等，对粪污进行无害化处理，预算资金 2000 万元。按 10 年使用期计算，每年需补偿费用 200 万元。

（3）农业。卢氏县库区范围内范里镇、东明镇的农业种植受到水源地设置的影响，农业化肥需要用有机肥代替，农药需要采用高效低毒农药等代替，按 2017 年计算，范里镇、东明镇农用化肥施用量 2920t，按每吨 1200 元，总需补偿 350.4 万元；农药使用 35t，按每吨农药补偿 3000 元，共需补偿 10.5 万元。合计农业种植卢氏县共需补偿 360.9 万元。

6.4 基于生态保护实际投入的补偿额度

6.4.1 基于水源地生态保护和水源安全保障总费用成本的补偿额度

故县水库设定为洛阳市水源地后，为防止饮用水水源枯竭和水体污染，保证保护区内及其周边村镇、洛阳市、洛宁县、宜阳县城乡居民的饮水安全，加强水源涵养，有效保护和可持续利用水资源，按照有关水源地保护及水资源开发利用要求，卢氏县和洛宁县需开展大量工作，包括库区巡查、水源地保护区划分、生态移民工程、水土保持工程、水源涵养工程等。据调查，目前这些工作还尚未开展实施，投资尚未落实。基于此，本书将紧密结合近年来的水源地保护实际情况和国家有关政策法规，参考其他类似水源地保护规划等成果，分析水源地生态保护和水源安全保障总费用成本，为水源地水生态补偿有关标准建立提供依据。

据现状调研和文献资料阅读，保障故县水库水源地供水安全，需要确保入库水质和水量。入库水质的保障必须采取水污染防治措施，入库水量需要采取水源涵养、调蓄等措施。水污染防治是一项复杂系统工程，包括一系列工程措施和非工程措施等综合保护对策，包括法律法规控制、管理控制、污染控制等。故县水库水源地保护区范围内的污染以面源污染为主，水污染防治要结合水源涵养建设，以恢复植被，减少水土流失为主，辅以必要的旅游污染防治措施，减少面源污染。

下面具体分析故县水库水源地保护进行的生林业建设、水土保持、生态移民、水污染防治和自然保护区建设等主要措施的投入。

1. 水源地管理

水源地管理主要包括水源保护区巡查、制度建设和监测监控等。

（1）水源保护区巡查。为及时发现、制止、处理和报告保护区内发生的各种破坏水环境的违法行为，防范水污染事件的发生，确保饮用水源的安全、洁净，按照《中华人民共和国水污染防治法》《洛阳市2018年饮用水水源地环境综合整治实施方案》等相关要求，故县水库水源地要建立饮用水水源保护区巡查制度，取水口等重点区域每日巡查，一级保护区每周至少巡查一次，二级保护区每月至少巡查一次，重要区域、重点时段适当增加巡查次数；做好巡查记录，及时发现、制止、处理和报告水源保护区内各种环境违法行为和风险隐患，确保饮用水水源地环境安全。

（2）制度建设。①针对故县水库水源地，健全水源地保护的各项法规。如可参照《洛阳市陆浑水库饮用水水源保护条例》，出台《故县水库饮用水水源保护条例》、水利工程建设管理办法、牧业发展管理办法，以及禁止在库区大面积网箱养殖条例等，用法律手段强制规范污水排放及危害水源地的旅游及其他产业的发展，使水源地保护有法可依；②严格控制水库周边建设项目环保审批；加强环境监管，及时查处水库周边环境违法案件；③建立公众参与制度。组建水源地保护专业队伍，并与社会团体及公众参与相结合，积极发动、组织和引导社会团体及公众参与生态环境保护工作；④建立健全污染事故应急处理机制。修订完善饮用水水源地突发环境事件应急预案，进一步健全饮用水源保护区管理制度，建立长效机制；⑤加大宣传力度，营造浓厚气氛，配合"世界水日"和"中国水周"等活动，全面开展饮用水源地保护宣传教育活动，增强人民对饮用水源地保护的自觉性和积极性。

（3）水环境监测系统建设。故县水库汇水区地广人稀，应按照水质保护和水环境监测要求，建立健全水质、水污染监测预警和应急反应机制，建设信息化系统，实时监测水库水质状况，为水库水质定期常规监测和应急监测提供技术支持，进一步提高水质监测和突发污染事件的处理能力。在水源地保护区内建立水质监测断面（点）、污染物入河口、污染源三位一体的监测系统。根据《洛阳市生态环境监测网络建设工作方案》，到2020 年，在全市主要河流、集中式饮用水源地、重要湖泊水库、重要城市内河、重点水源保护区、地下水污染高风险区布设水环境质量监测点位，新增乡镇集中式饮用水源地监测点 103 个。改造和升级水环境监测设施，配备常规和应急水质分析测试设备，完善信息传输系统，建设信息系统数据库，及时、准确、全面地掌握故县水库水质实时数据，保障故县水库饮用水水源安全。加强上游来水入库水质和水库水质监督性监测，定期通报水环境质量和水功能区水质监测数据；汛期和水质受到影响时增加监测频次，做好上下游污染联防联控工作。

2. 水源地保护

（1）隔离工程。采用物理隔离工程与生物隔离工程相结合的方法。物理隔离措施为：沿一级保护区周边修建围栏隔离；生物隔离工程为：水源地二级保护区陆域范围内种植树林。

（2）界碑界牌。委托有资质的环评单位开展保护区划定工作，编制区划技术报告。洛阳市生态环境局牵头组织有关部门对区划技术报告进行初审。报告经省政府批准后，洛阳市生态环境局按照《饮用水水源保护区标志技术要求》（HJ/T 433—2008），完成故县水库饮用水源保护区设标立界工作。如在公路出入口处设置大型界碑，在故县水库上游地区边界的路口、边界人类活动多的地方，设立桩界、宣传栏、宣传牌等。

洛阳市生态环境局已以"洛阳市故县水库饮用水水源保护区规范化建设项目（二期）"发出公开招标公告，招标内容为"洛阳市故县水库地表水饮用水水源一级、二级、准保护区全部范围有需要的范围设立保护区界标、交通警示牌、宣传牌及隔离金属围栏，包括标志牌及防护金属围栏的设立、制作、运输、安装等全部过程"，招标预算为 433.2 万元，最高限价为 398.7287 万元。

3. 水污染治理

故县水库水源地保护区实施旅游污染防治、点源污染防治、污水处理过程建设、环境风险清查等措施，减少污染物入河量。

（1）旅游污染防治。根据《饮用水水源保护区污染防治管理规定》，故县水库以上禁止可能污染水源的旅游活动和其他活动。对旅游活动，应按照生态优先的原则采取生态旅游措施；景区开发和基础设施建设，不对周边环境造成影响。故县水库水源地的设置，主要对原西子湖旅游景区产生了影响，需要关停部分职能。

（2）点源污染治理。河南发恩德矿业有限公司按照环境影响报告书和批复的要求，落实矿石运输途径和各项环保措施；拆除水库周边乱搭乱建等构筑物，规范水库及周边旅游、农家乐活动；清除水库周边村庄生活垃圾堆放场（点），规范生活垃圾的收集、转运和处置；洛宁县食品公司故县屠宰厂、下峪屠宰厂按照环保要求，合理选址、完善手续、建设废水处理设施。

（3）污水收集处理基础设施及截污工程建设。洛宁县故县镇、下峪镇人工湿地污水处理设施及配套管网建成投运；实施水库周边村镇生活污水排污口截流，完善污水管网，生活污水经城镇污水处理设施处理达标后方可排放；实施下峪镇涧河河道治理工程；对入库河流两岸的排污口进行规范化整治，污水截流进入污水管网，已经实施截流的排污口全部实施封堵。

（4）环境风险清查。整治故县水库库区内的航运船舶，取缔非法客货运船舶及各类交通环境违法行为，禁止运输有毒有害物质、油类、粪便及其他污染物的船舶通行。对环库、临库、临水公路可能存在的危险品、化学品、交通运输隐患进行调查清理。

4. 水源涵养及水土保持工程

采取建造水源涵养林等生态保护措施，搞好水库周边绿化，查处乱砍滥伐、滥占林地、毁林开荒、违法开山破坏植被等行为，持续推进故县水库库区绿化和水土保持工作。

5. 其他工作

其他工作主要包括针对水源地有关工作开展的科学研究、生态监测与宣传教育等。为提高水资源保护工作成效，需对伊洛河流域开展一系列水环境专题研究，包括伊洛河流域水环境数据库和专家评价系统建设、流域水环境承载能力研究等。开展植物资源调查，查清植物的分布、生物学特性、储量、生长情况等；进行水土流失监测，重要决策土壤侵蚀、径流、泥沙情况等。

6. 基于总费用成本分析的补偿额度

按照上述分析，故县水库水源地保护工程将包括水污染防治工程、水环境监测工程、水源涵养工程、水土保持工程等。为保证水源地管理保护正常运行，工程建设完成后，每年还需要运行费用，包括各项工程的正常运行维护、水源地日常管理等费用。目前此项费用仅开展了隔离工程和界碑界牌的招标工作，预算 433.2 万元，其余部分尚未开展测算，本次研究暂以 433.2 万元计入，后期随着水源地保护工程的推进，可将其余部分费用再计入补偿费用。

6.4.2　林草地补偿费用

据《河南省天然林资源保护工程财政专项资金管理办法实施细则》（豫财农〔2014〕259 号），中央财政安排专项资金建立中央财政森林生态效益补偿基金，用于重点公益林的营造、抚育、保护和管理。国家级公益林平均补偿标准为每年每亩 5 元，集体和个人所有的国家级公益林补偿标准为每年每亩 15 元。故县水库林草地补偿费用按照现有的标准测算。国家财政所拨付款项可作为生态补偿资金的一种筹措渠道，纳入故县水库水源地生态补偿总盘子，下发时转款专用。其他林草地的补偿费用，需要各级政府筹措。

卢氏县范里镇需要补偿的林地面积 233.07km²，东明镇需要补偿的林地面积 136.16km²；洛宁县故县需要补偿的林地面积 79.24km²；下峪乡需要补偿的林地面积 173.33km²（26 万亩）；合计林业补偿面积 621.80 km²（93.27 万亩），本次研究按每年每亩 15 元的标准补偿，则在现有补偿标准下，林草地最大补偿额度约 1399.05 万元/年，其中卢氏县 830.77 万元/年，洛宁县 568.28 万元/年。

6.5　补偿标准的确定

根据前 4 节的计算结果，可以得出故县水库水源地生态补偿的上限是51829.7 万～72927.2 万元，具体补偿金额与水源地供水量相关；故县水库水源地生态补偿的下限是 13418.37 万元，具体见图 6.2。在补偿的初始阶段，建议根据补偿标准的下限开始进行补偿。

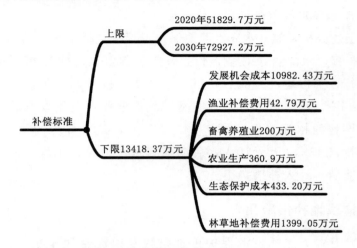

图 6.2　补偿标准的上限和下限

6.6　面向补偿客体的补偿费用分摊

6.6.1　卢氏县补偿标准的确定

6.6.1.1　补偿标准的上限

根据前 4 节的计算结果，洛阳市、洛宁县、宜阳县近期（2020 年）需向水库上游卢氏县补偿 35516.7 万元，远期（2030 年）需向水库上游卢氏县补偿 56614.2 万元。

6.6.1.2　补偿标准的下限

1. 发展机会成本

（1）政府机会成本。选取故县水库水源地受益区［洛阳市区（不含吉利区）、宜阳县、洛宁县］城镇加权平均值为参照地区，卢氏县水源区木桐、官坡、徐家湾、双龙湾、横涧、潘河、沙河、城关、东明、文峪、范里等 11 个乡镇作为补偿客体，发展机会成本合计 10766.46 万元。

（2）居民机会成本。暂不考虑。

（3）企业机会成本。

1）养殖补偿费用。根据《卢氏县养殖水域滩涂规划（2018—2030年）》，故县水库卢氏境内水域为限制养殖区。故县水库上游位于卢氏县境内，面积884.44hm²。假定卢氏县故县水库上游10%可用于养殖，因限制养殖每年只能按30%收入，则每年养殖损失额29.45万元。因此，从养殖业补偿的角度看，卢氏县每年需要被补偿29.45万元。

2）畜禽养殖补偿费用。故县水库设置水源地后，卢氏县划定了水源地安全保障区禁限养区，全县涉及11个乡镇畜禽饲养量，按2017年计算，猪出栏28657头、牛出栏15250头、羊出栏20490只、禽出栏492199只。对上游畜禽养殖业的粪污处理可采用划定畜禽养殖区域、落实畜禽养殖分区管理、推进畜禽养殖废弃物资源化利用等措施。因此，卢氏县计划在洛河流域沿线建立以畜禽养殖废弃物为主要原料的规模化生物天然气工程、大型沼气工程、有机肥厂、集中处理中心等，对粪污进行无害化处理，预算资金2000万元。按10年使用期计算，每年需补偿费用200万元。

3）农业种植补偿。卢氏县库区范围内范里镇、东明镇的农业种植受到水源地设置的影响，农业化肥需要用有机肥代替，农药需要采用高效低毒农药等代替，按2017年计算，范里镇、东明镇农用化肥施用量2920t，按每吨1200元，总需补偿350.4万元；农药使用35t，按每吨农药补偿3000元，共需补偿10.5万元。合计农业种植卢氏县共需补偿360.9万元。

2. 生态保护投入成本

对卢氏县境内范里镇、东明镇的林地面积给予补偿，按森林覆盖率推算分别为233.07km²、136.16km²，合计55.3845万亩，需要洛阳市、洛宁县、宜阳县向卢氏县补偿830.77万元/年。

因此，洛阳市、洛宁县、宜阳县需向水库上游卢氏县生态补偿下限合计：10766.46＋29.45＋200＋360.9＋830.77＝12187.58万元/年。具体见图6.3。

6.6.2 洛宁县（库区段）补偿标准的确定

6.6.2.1 补偿标准的上限

根据前4节的计算结果，洛阳市、洛宁县、宜阳县向水库库区洛宁县的补偿不分近期、远期，上限为16313万元。

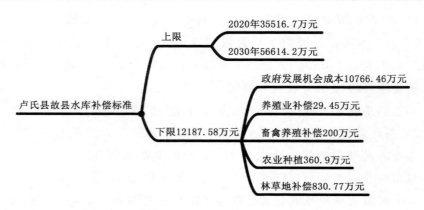

图 6.3　卢氏县故县水库补偿标准的上限和下限

6.6.2.2　补偿标准的下限

1. 发展机会成本

（1）政府机会成本。选取故县水库水源地受益区［洛阳市区（不含吉利区）、宜阳县、洛宁县］城镇加权平均值为参照地区，水源地保护区内故县镇、下峪镇作为补偿客体，发展机会成本合计 215.97 万元。

（2）居民机会成本。暂不考虑。

（3）企业机会成本。仅考虑养殖补偿费用。根据《洛宁县养殖水域滩涂规划（2018—2030 年）》，故县水库限制养殖区面积 1235.52hm²。根据《2018 年洛阳统计年鉴》，2017 年年底，洛宁县养殖面积 1980hm²，养殖产量3322t，渔业总产值 717 万元，计算可得养殖业产值 0.36 万元/hm²。假定洛宁县故县水库 10%，可用于养殖，因限制养殖每年只能按 30%收入，则每年养殖业损失额 13.34 万元。因此，从养殖业补偿的角度看，洛宁县每年需要被补偿 13.34 万元/年。

2. 水源地生态保护和水源安全保障成本

故县水库水源地保护工程将包括水污染防治工程、水环境监测工程、水源涵养工程、水土保持工程等。为保证水源地管理保护正常运行，工程建设完成后，每年还需要运行费用，包括各项工程的正常运行维护、水源地日常管理等费用。目前此项费用仅开展了隔离工程和界碑界牌的招标工作，预算 433.2 万元，其余部分尚未开展测算，本次研究暂以 433.2 万元计入，后期随着水源地保护工程的推进，可将其余部分费用再计入补偿费用。

3. 林草地补偿成本

对洛宁县境内故县、下峪乡的林地面积给予补偿，分别为 79.24km²、173.33km²，需要洛阳市、洛宁县、宜阳县向洛宁县补偿 568.28 万元/年。

因此，洛阳市、洛宁县、宜阳县需向水库库区洛宁县生态补偿下限合计：215.97＋13.34＋433.2＋568.28＝1230.79 万元/年。具体见图 6.4。

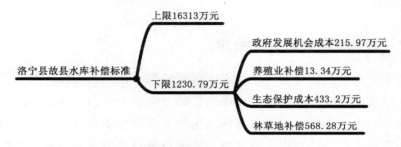

图 6.4　洛宁县故县水库补偿标准的上限和下限

6.7　面向补偿主体的补偿费用分摊

6.7.1　补偿主体的支付意愿分析

据上文中对补偿主体的分析，故县水库水源地水生态补偿机制的主要补偿主体为政府、受益相关企业以及个人受益者，具体支付意愿分析如下：

（1）各级政府。按照有关要求，政府对水源地水质和生态环境保护负有主体责任，作为水源地水生态补偿机制的主导者，应提供水源地水生态补偿资金，用于水源地生态环境建设和水质保护等。供水作为公益性事业，为地方经济社会可持续发展和社会稳定提供了良好支撑。经济社会发展又为政府财政收入增加创造了条件，政府在获取收益的同时应投入部分资金用于水源地生态环境建设和水质保护等。

（2）相关受益企业。因水源地保护和水质提升带来受益的各相关企事业单位，应提取一定比例的增值收益部分作为水源地保护和生态环境建设资金。该部分企业往往受益增加，具有较好的支付意愿。

（3）个人受益者。个人受益者主要集中在供水区。洛阳市市区作为主要的供水受益区，城市居民因故县水库供水提高了供水保证率，水质也较以往有所提高，个人生活质量和幸福感明显上升，由此获益；还有一部分人，因水源地保护和生态环境建设，当地旅游资源和条件逐渐转好，游客上升，带来个体收入增加，明显可以从水源地保护和生态环境建设中获益。但个体受益者是三者中最不具有支付意愿，只能通过其他手段筹集资金。

6.7.2　各补偿主体分摊的费用

由第 5 章的分析可知，故县水库水源地供水涉及洛阳市、宜阳县、洛宁县、卢氏县一市三县。作为一市三县的上级政府部门，河南省政府有权利和责任对故县水库水源地生态环境保护工作给予支持和指导，也有责任承担一定的生态补偿费用，通过生态补偿制度及其实施引导地区间生态经济的平衡发展；作为故县水库水源地的受益区，洛阳市、宜阳县、洛宁县政府是直接受益者，有义务对水源地所遭受的损失或提供的服务进行相应的生态补偿。因此，故县水库水源地所需的生态补偿费用应当由河南省政府、洛阳市（不含吉利区）、洛宁县城和宜阳县城等人民政府和受水区受益群体共同承担。具体见图 6.5。

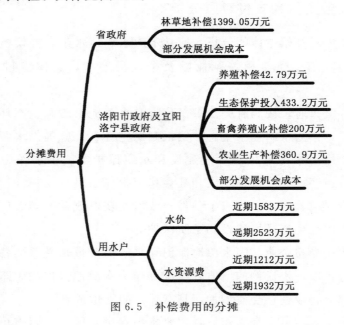

图 6.5　补偿费用的分摊

1. 河南省政府

河南省政府作为故县水库水源地上下游地区的上级部门，在水源地保护区自身承担部分生态环境保护建设投入与损失，下游承担对上游地区的部分水生态补偿的同时，河南省政府作为上级领导部门，也应当对水源地保护地区做出一定的水生态补偿以引导区域间的公平的发展和促进资源资金的合理配置。

考虑到河南省财政在生态城市建设、新农村建设、公益林建设、天然林保护工程、工业企业技术改造、财政支农资金、扶贫帮困等方面均有专项资金投入，河南省财政可以将计划安排用于故县水库水源地范围内的各类资金形成聚合效应，全部用于上游水源地生态治理和保护，剩余补偿金应由上下游分担。本次方案建议由河南省财政承担林草地补偿费用1399.05万元/年。此外，财政允许情况下，可适当考虑由省政府承担部分发展机会成本。

2. 洛阳市政府及宜阳县、洛宁县政府

洛阳市政府作为故县水库水源地的主要用水城市，建议承担养殖补偿费用42.79万元/年、生态保护工程建设投入成本433.2万元、畜禽养殖业补偿200万元、农业生产补偿360.9万元和部分发展机会成本等。

3. 用水户

（1）水价承担部分。已经失效的《河南省水环境生态补偿暂行办法》（2010）第七条曾规定：对于饮用水水源地跨行政区域的省辖市，当饮用水水源地水质考核断面全年达标率大于90％时，对下游省辖市扣缴水源地生态补偿金，全额补偿给上游饮用水水源地省辖市。水源地生态补偿金按照"下游省辖市每年度利用水量×0.06元/m³"计算。

参照此思路，建议由用水户水价中承担部分补偿费用，假定由水价的5％承担部分补偿费用，洛阳市目前第一阶梯水价为3.2元/m³，即补偿额为0.16元/m³，根据《故县水库引水工程水资源论证报告》，故县水库引水工程近期（2020年）最大毛取水量0.9892亿m³，远期（2030年）最大毛取水量1.5768亿m³。按照年取水量计算，近期需要对洛阳市扣缴生态补偿金1583万元/年，远期需要对洛阳市扣缴生态补偿金2523万元/年。

（2）水资源税承担部分。按照《河南省水资源税改革试点实施办法》（豫政〔2017〕44号）规定，水资源税按3∶7的比例在省与省辖市、省直管县（市）之间进行分配，各省辖市与所辖县（市、区）之间的分成比例由各省辖市自行确定。跨省辖市、省直管县（市）水电站的水资源税分配比例，由省财政厅会同有关部门另行制定。其中，城镇公共供水（居民）的水资源税税额为 0.35 元/m³。

根据水资源税的性质和对《河南省取水许可和水资源费征收管理办法》的理解，在目前水资源管理情势下，水资源税应该绝大部分用于水资源的节约、保护和管理。目前用于水资源节约、保护和管理的水资源费使用范围宜为：①水资源节约、保护、管理和政策、规划、方案和标准的研究与制定。加水资源节约、保护、管理政策法规的研究；水资源规划编制的经费补助；水量分配方案和水量调度预案的研究和编制经费等。②行政许可的实施与监督，信息采集、监控与发布。如水资源管理信息系统的建设和运行维护；根据水资源节约、保护和管理的需要，进行水资源补充监测的经费；水资源节约、保护和管理基础资料的收集、整编和信息发布等。③基础工作研究及新技术推广。如水资源调查、评价经费补助，水资源节约、保护和管理的先进科学技术的研究、推广和应用，水资源保护新技术的开发及应用等。④宣传、教育、培训、奖励与能力建设。水资源节约、保护和管理奖励资金，水资源管理人员培训和宣传教育资金等。⑤试点工作补助以及应急事件处置补助。如节水型社会建设试点经费补助，水源污染应急事件处置补助等。

由上述用途可知，故县水库水源地供水所收缴的水资源税可以用来做故县水库水源地保护及生态补偿试点的部分资金来源。参照此思路，建议故县水库供水所收缴的水资源税上缴地方的部分中将 50% 直接提取为生态补偿资金，即补偿额为 0.1225 元/m³，根据《故县水库引水工程水资源论证报告》，故县水库引水工程近期（2020 年）最大毛取水量 0.9892 亿 m³，远期（2030 年）最大毛取水量 1.5768 亿 m³。按照年取水量计算，近期可从水资源税中扣缴生态补偿部分为 1212 万元/年；远期可从水资源税中扣缴生态补偿部分为 1932 万元/年。

（3）合计。用水户从水价和水资源税中可承担生态补偿资金中的生态保护工程运行成本及部分发展机会成本，合计近期 2795 万元/年，远期 4455 万元/年。

第7章 生态补偿方式与资金筹集办法

7.1 生态补偿形式

对饮用水源地生态补偿不是暂时性行为，而应是形成机制并且长效化。国内外生态补偿实践活动创造了很多补偿实施方式。一般地，水源地生态补偿方式包括受益对象对水源地的直接补偿、间接补偿和异地转移补偿3种形式和5种类型。

7.1.1 三种形式

（1）直接补偿。直接补偿又称市场化补偿，是受益主体根据水源地提供的水资源和水生态，结合其经济发展水平以及支付意愿而提供水源地的补偿。其表现形式是具体的受益对象对生态供给者的直接补偿，属点对点的补偿形式。

水源地的主客体间的补偿方式可采用资金补偿或实物补偿，其中，前者是最常见、最直接的补偿方式。资金补偿可采用补偿金、补贴、生态保证金（押金退款）、赠款等方式。为了提高物质使用效率，补偿主体也可运用物质、劳力和土地等进行补偿（即实物补偿方式），解决补偿客体部分生产要素和生活要素，改善补偿客体的生产和生活条件，增强生产能力。然而，为弥补各自的缺陷和优化补偿效果，上述各种方式多综合运用。

部门补偿是直接补偿的另一种方式，属其他部门或行业对水源地的直接补偿。若某一部门或行业为另一部门或行业提供生态产品并使之受益，则生态受益部门或行业要对生态供给部门进行补偿。部门间的补偿属"直接受益者付费"补偿。产业间生态补偿基金可在相关产业的税费中按适当比例进行提取，政府再用该基金对林业部门进行直接补偿。

（2）间接补偿。间接补偿又称为政府补偿，是指水源地用水区居民以税收或生态基金等形式将资金转移给财政部门，然后通过财政转移支付等形式补偿给水源地。该补偿的形式主要表现为上级财政转移支付补偿，即完全依靠中央或上级政府完成数额巨大的财政转移支出，所以财政压力较大。间接补偿因其涉及因素较多、数据统计不完善、计算方式复杂、缺乏有效监督等问题，致使转移支付效益较低。

（3）异地转移补偿。水源保护区通常都在农村地区或郊外地区，在进行水源区保护时，必须进行当地人口的同步转移。而人口转移带来的直接问题就是从事耕作、养殖等的农民出现暂时性失业，并聚集在现有水源地附近。这对水源地的保护和人力资源的开发都造成了更大的压力。这种特殊性决定了我国水源地生态补偿必须要对水源地农民和区域经济发展机会的损失进行补偿，同时，为促进改善生态的相关投入，必须与社会经济发展战略紧密结合，在"城市反哺农村、工业反哺农业、城乡统筹发展"的大框架下系统化地逐步推进，尽可能地转移水源保护地区的劳动力，减轻该区域的人口压力。将该生态区内部的农村劳动力逐渐转移至非水源地区。

7.1.2　五种类型

（1）项目补偿。水源保护区可以由水源受水区引进一些无污染的高科技企业项目和生态企业项目。通过双方协商转让给水源保护区来促进当地经济发展，从而弥补水源保护区为生态保护和建设做出的牺牲，平衡整体区域的经济发展。项目补偿的开展实施还需要加强政府和投资商双方的协商，通过自主研发和引进项目，促进水源保护区项目补偿工作的开展，建立水源保护区与水源用水区之间合理的项目补偿关系，为保护地区的可持续发展打下良好基础。

（2）政策补偿。由中央政府对省级政府、省级政府对市级政府权力和机会的补偿。它是在保护生态环境相关政策限制水源保护区发展的情况下政策的适当放宽，从而抵消或减少因保护生态环境而限制发展造成的影响，确保区域整体发展。补偿客体在授权的权限内，利用制定政策的优先权和优先待遇，制定一系列创新性的政策，促进发展并筹集资金。利用制度资源和政策资源进行补偿是一种行之有效的方式，尤其是在资金贫乏，经济薄弱情况下更为重要。如处在水源保护区的居民为涵养水源不能砍伐树木，为了保证供水水质不能发展有污染的工业，区域政府就应允许其从事其他行业维持生计，并给予一定的优惠政策。流域内上游河道不能设有排污口等，此时下游地区就应该对上游地区在一些区域协作生产或其他协作方面给予适当的政策放宽和优惠等。

中央政府还应给予水源地保护区优惠的产业发展政策，协助其搭建好产业转移承接平台，并且接纳和汇聚劳动密集型、资源型、高技术低污染型产业，形成产业集群和工业加工区。壮大与发展水源地保护区产业，增强其自身造血功能是缩小发展差距，提高当地居民生活水平的最好办法。

（3）资金补偿。资金补偿是最常见的补偿方式，其作用非常明显，效果也是最大的，能够直接地帮助生态保护地区发展经济和进行基础建设。资金补偿有 9 种较常见的方式：①补偿金；②赠款；③减免税收；④退税；⑤信用担保的贷款；⑥补贴；⑦财政转移支付；⑧贴息；⑨加速折旧等。对于如何有效地实施资金补偿，确定资金补偿的力度，都需要充分考虑用水区的经济发展状况，科学地运用生态系统及其服务价值评价的方法，必要时还可以通过水源保护区与用水区协商来解决，最后形成双方契约以确保其法律效力，以便有效实施。对于水源保护区内部，当地政府应该对该地区对生态保护有特殊贡献或者处于生态保护核心地区的居民进行一定的资金补偿，以达到安定民心、鼓励居民实行生态保护的目的。虽然这种补偿方式是最直接、最快的补偿方式，但是其可持续性和理论基础并不是很稳定。在实际运用中，资金补偿要尽量选择适宜的测算方法，并且在维护现状的基础上加大力度和保证落实到位。

（4）实物补偿。补偿主体运用物质、劳力和土地等进行补偿，解决补偿客体部分的生产要素和生活要素，改善补偿客体的生活状况，增强生产能力。实物补偿有利于提高物质使用效率。

（5）智力补偿。补偿主体对补偿客体开展智力服务，为其提供无偿的技术咨询和指导，培训水源保护区地区或群体的技术人才和管理人才，提高受补偿者的生产技能、技术含量和管理组织水平。例如，为水源保护区提供先进的垃圾处理技术、污染处理技术等环境保护类技术，也应该提供一些新型的工、农业高新技术，来补偿水源保护区工业缺乏的现状。同时，结合工业园区建设，鼓励企业把保护区农户安排到本地企业就业，开展多层次、多形式的劳动职业技能培训，使广大保护区农民掌握实用职业技能，确保劳务输出的质量。

水源地保护区的生态建设需要一批高素质的人才来研究、指导发展方向和保护方法，包括管理人才、科技人才和高级技术工人。因此，水源用水区应该为水源保护区定期派送一些技术人才，特别是水污染防治、垃圾处理以及生态保护方面的人才，到水源保护区协助该地区生态保护工作及经济建设的开展。此外，水源保护区所在的政府以及该区域内的企业应该着力为来水源保护区工作的人才提供安定的工作环境、合理的物质鼓励和丰富的精神生活，确保高端人才留在保护区，为保护区的后续发展提供科学意见和技术保证。

7.1.3 适用范围

针对不同的补偿客体，如对水源地管理机构而言，其补偿方式可采用资金补偿、项目补偿等；对水源保护区政府机构而言，其补偿方式可采用项目补偿、政策补偿、资金补偿等；而对于水源保护区利益相关的企事业单位和居民而言，其补偿方式可采用政策补偿、智力补偿等。

从补偿效果看，上述的生态补偿方式可以分为两类：一种是"输血式"补偿方式，包括资金补偿、实物补偿；另一种是"造血式"补偿方式，包括项目补偿、政策补偿、智力补偿。

短期来看，水源地补偿客体会选择"输血式"的补偿方式；但从长期来看，"输血"只能解决一时的问题，要实现水源保护区的长期可持续发展，就要创新生态补偿方式，逐步使水生态补偿由"输血型"向"造血型"转变。

综上所述，水源地提供的生态系统服务有不同尺度上的受益对象。不同尺度的受益对象以及对提供该服务的生态系统造成破坏的行业和区域，应通过不同的生态补偿方式对所需的生态保护和恢复的努力和机会成本给予相应的补偿。不同的生态补偿途径和方式有其不同的适用范围，没有任何一种方式对所有地区都有效，真正科学有效的补偿机制应该是因地制宜的，根据资源及生态效益影响涉及的范围，不同层次的补偿以不同的方式来实现，甚至要发挥多种补偿机制和手段的优势和协同作用，才能奏效。

黄河流域水源地生态补偿机制的建设，应当与流域内城市化进程紧密结合，以降低人口、产业和其他社会经济活动对水源地保护的综合影响为导向。

首先，结合城市化进程降低水源地的人口密度。例如，优先推动水源地保护区居民的城市化进程，鼓励、支持农民进城生存和发展。

其次，对水源地内部有利于生态环境保护的生产方式进行补偿。根本目标是激励水源地内部高强度的土地利用方式向低强度利用方式转变，降低土地承载的经济活动强度。例如，为生态农业、有机农业的发展提供补贴，鼓励农业休闲服务价值的开发，推动农业多功能性的实现。

最后，提供"智力补偿"。包括为留守从事生态农业生产的人员提供生产技能培训、农业生产服务以及各种基础设施建设等补偿。这并不会对有能力外迁的居民产生很大影响，同时又能让留在水源保护区的群众也可以得到相应的发展机会，可以通过自身力量建设自己的家园，实现人与环境的和谐发展。

7.2　故县水库水源地补偿方式

通过第5章对故县水库生态补偿的主客体的识别，故县水库水源地受益主体包括上级政府、当地用水受益者、下游用水区的受益者三个部分，补偿主体则包括河南省政府、供水受益区政府及受益区用水户。补偿的客体包括为保护水源地水质而限制生产方式的水源保护区内的农户，因排污和限制生产而阻碍经济发展的卢氏县、洛宁县地方政府，以及为保护水源地水质水量而增加投入的故县水利枢纽管理局。由此可见，故县水库水源地生态补偿的主客体间形成的补偿关系较为复杂，为了将生态补偿的各项工作落到实处，提高生态补偿机制的效率，应当将上述几种方式因地制宜地结合起来灵活应用，构建故县水库水源地生态补偿方式如下。

（1）以资金补偿为基础，尽快改善水源地水质。在资金补偿中，以政府间的财政转移支付为主，既包括由河南省政府指向卢氏县政府、洛宁县政府、故县水利枢纽管理局的纵向财政转移支付，又包括由下游用水户所在的地方政府（一市两县）指向卢氏县政府、洛宁县政府、故县水利枢纽管理局等的横向财政转移支付。直接的资金补偿的目的是在短期规划时间内，在水源地保护中达成如下目标：①尽快调动当地农民和政府的积极性，降低区域内点源与面源污染对水源地水质的直接影响，使水质逐步有明显降低；②通过直接的经济补偿，为卢氏县政府、洛宁县政府进行经济"输血"，缩小与洛阳市经济发展间的差距，有利于地区间的协调发展，也能充分调动当地政府在保护水源方面的积极性；③加大在水源地生态保护项目中的资金投入，缓解故县水利枢纽管理局在生态环境保护、水质监测与管理方面投入能力有限，水源地水源涵养与保护滞后的局面。

（2）以政策补偿为引导，创建限制与发展并重的新思路。积极引导故县水库水源地所在地区（卢氏县、洛宁县）的产业定位，对有利于环境保护的绿色产业实行政策优惠。保护与发展是相辅相成的，在经济发展落后的水源地所在地区，不是仅采取限制发展的政策就可以解决问题的，必须培育地区发展能力，采取产业政策优惠。同时，可以建立对口支援和合作开发机制，引导洛阳市加强与卢氏县的交流、协作和帮扶。

卢氏县、洛宁县的产业发展应以环境保护思路为门槛，立足于水源区经济发展现状，在考虑市场需求、资源条件、区位条件等因素的基础上，在适当的区域发展对水源区生态环境影响较小的工业，重点支持一些绿色产品产业的发展。

卢氏县、洛宁县可以在河南省政府和地方政府对水源地经济发展政策的指导下，加快构建对水源涵养区生态补偿的产业扶持政策，用以引导社会企业对水源地进行开发，在保证不影响水库安全和水源地生态安全的前提下，进行生态产业投资与建设，统筹区域协调发展、提高水源地地区发展能力。

（3）以"造血型"补偿为补充，兼顾保护区发展的长远利益。虽然水源地生态保护的实际投入和因受限发展造成的机会成本是可以定量计算出来的，可以通过资金补偿等"输血型"方式进行生态补偿，但这只能解决当前的、短期的问题。从长远来看，只有加强水源地的社会经济发展，才能从根本上改善水源地居民的生活水平。因此，运用项目和产业等"造血型"补偿的形式，以技术和产业来代替资金补偿，提高水源地自身的发展能力，比单纯的资金补偿更具有可持续性。"造血型"补偿实质上是将生态补偿的外部性转化为水源地的自我积累能力，可以提高水源地的经济独立性。

在产业扶持政策的引导下，卢氏县、洛宁县政府应调整水源区、水源涵养地区的产业结构，支持农村新能源建设，将产业项目支持视为建立生态环境补偿机制的重要组成部分，根据生态建设的需要，将环境友好工业、生态旅游、绿色农业等新产业、新能源的发展列为重点支持范围。

（4）制订流域水权交易政策。随着城市的快速发展，城市用水越来越紧张，水资源也越来越珍贵。借鉴国内水资源交易案例，根据伊洛河流域现状，通过水权、排污权交易实现双赢。通过水权交易不仅可以促进资源的优化配置，提高资源利用效益，而且有助于实现保护生态环境的价值，因而可以作为实施生态补偿的市场手段之一。经过多年努力，中国已经在一些流域实行了水量分配制度，全面实行取水许可制度，基本构建了水权交易制度框架，并在水资源的管理、开发、利用中发挥了一定的作用。基于不同的水量分配方式，中国的水权交易有跨流域交易、跨行业交易和流域上下游交易等不同形式。

流域上下游的水权交易有以下 3 种情形：①基于流域水量分配，上流地区将节余的水资源有偿提供给下游地区，主要意义在于资源优化配置；②下游地区通过管道等从上游地区引用优质水，下游地区给上游地区一定的补偿，实现保护优质水资源的价值；③上游地区通过努力保护水质，给下游地区提供了优质水资源，下游避免了使用劣质水资源的损失，这部分受益可以以某种方式补偿给上游地区，实现流域上下游"双赢"。

故县水库是以防洪为主，兼顾灌溉、供水、发电等综合利用的大型水库，库区水质优良，随着洛阳市经济和社会发展，对供水水质和水量的要求会更高，可考虑通过上下游水权交易、灌溉与生活水权交易等方式促进流域内的水资源优化配置，并以水权交易收益进行生态补偿，保护库区生态环境。

（5）开展流域"异地开发"实践。开展"异地开发"实践是流域生态补偿机制的创新，传统的"输血型"财政转移支付生态补偿机制被"造血型"生态补偿机制替代，是解决流域水源涵养区保护和补偿问题的有效方式。

针对故县水库水源地可建立 3 个阶段的异地发展模式。①第一阶段是在发展初期，在卢氏县、洛宁县采用内部异地开发的模式，集中设立开发区，形成产业聚集，建立完善的环境保护基础设施并实施严格的管理；②第二阶段是在卢氏县、洛宁县发展到一定规模时，洛阳市必须采取具体措施为上游地区提供发展空间，承接上游地区产业转移和吸纳其招商引资项目，促进上游地区经济发展和产业提升；③第三阶段是当卢氏县、洛宁县进一步发展到完成了原始积累的阶段时，将重点发展地区的替代产业、替代能源和生态移民等问题纳入重点支持范畴，因地制宜地培育地方经济新的增长点，提升卢氏县、洛宁县的产业竞争实力，逐步优化地区经济结构体系。

7.3 生态补偿资金的筹集方式

7.3.1 主要的补偿资金筹集方式

资金补偿是最常见的生态补偿方式，也是最迫切急需的补偿需求，其作用明显，所起的效用最大，能够直接帮助生态保护地区发展经济和基础设施建设。资金补偿以生态建设项目引入资金为主，包含多项费用的补偿，例如水资源税、效益补偿费以及损失补偿费等，通过费用补偿过程来实现利用效益的公平性与科学性。常见的生态补偿资金来源包括政府资金型、市场补偿型和社会参与型等，具体见图 7.1。

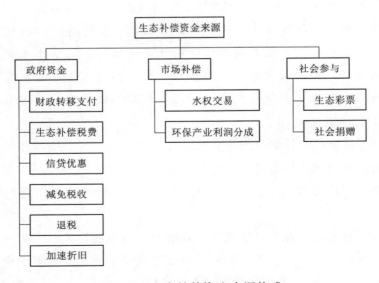

图 7.1 生态补偿资金来源构成

　　目前，水源地生态补偿资金渠道不明晰，融资体制不健全，通常以政府金融支持为主，而其他融资方式未建立起来。因此，资金补偿的关键是建立多元化的资金渠道以促进水源地保护的可持续发展。

　　（1）财政转移支付。水源地生态补偿必须要有足够的资金支撑，采用政府财政转移支付方式进行筹集是当前的主要资金筹措方式。

　　财政转移支付是以各级政府之间所存在的财政能力差异为基础，以实现各地公共服务水平的均等化为主旨，而实行的一种财政资金转移或财政平衡制度。基本形式有 3 种，即自上而下的纵向转移、横向转移和纵向与横向转移的混合。

　　水源地的生态环境属于公共产品。对于其生态补偿纵向转移支付是上级政府对下级政府的财政补贴；而横向转移支付，是由用水区直接向水源保护区进行的转移支付。

　　以往我国政府间转移支付制度一直采取的是单一纵向转移模式，从设计意图看，中央制定这项制度的主要动机是均衡地方财政收入能力的差别。在制度设计中虽然没有涉及省际间外部效应内在化的问题，但是从实施的情况看，却成为当前生态补偿的一个重要的渠道。随着我国工业化、城镇化的不断推进，资源和环境对经济发展的约束将进一步加大。为避免因缺乏生态补偿机制而导致的环境悲剧愈演愈烈，应充分利用财政转移支付这一政策手段，建立健全财政转移支付制度，从当前单一的纵向转移模式向纵向转移和横向转移的混合模式发展。

　　十八届三中全会提出要"推动地区间建立横向生态补偿制度"，这是中央就生态补偿制度建设做出的重大决策，将会为生态文明建设提供重要的制度保障。强调横向转移支付，并不是说以目前的纵向转移方式无法实现生态补偿，事实上，"退耕还林""退耕还草""天然林保护工程"等都是中央财政通过纵向转移开展的生态补偿。但这些是以项目建设方式对特定地区的专项支出，没有形成制度化，补偿的覆盖范围也很有限，从实际效果看，还存在许多不合理之处，如补偿数额不足、时间过短等。现行的纵向转移支付制度仍将主要目标放在平衡地区间财政收入能力的差异上，体现的是公平分配的功能，对效率和优化资源配置等调控目标则很少顾及。即使从平衡地方财政收支的角度来考量，其作用也十分有限，虽然近年来中央用于转移支付的资金量逐渐增加，但总量仍然偏小，不能根本改变地方财政尤其是贫困地区财政困难的局面，更何况，中央转移支付的规模是由当年中央预算执行情况决定的，随意性大，数额不确定，而且资金拨付要等到第二年办理决算时才实行，满足不了建设和保护生态环境的即期需求。由此可见，对于区域间横向利益协调问题，纵向转移支付制度只能解决一小部分，力度和范围都非常有限。而无论从理论分析还是现实需要来看，以横向转移支付方式来协调那些生态关系密切的相邻区域间或流域内上、下游地区之间的利益冲突似乎都更直接、更有效。

具体来说，纵向转移支付主要适用于国家对重要饮用水源地的生态补偿，以补偿水源区因保护生态环境而牺牲的经济发展的机会成本。对其他饮用水源地的生态补偿问题，因责任关系不提倡，或因财力限制不可能使用中央向地方的纵向转移支付；地方行政辖区内的纵向转移支付，各地要根据情况进行，也不宜大量使用，应尽量鼓励采用与相关利益和责任主体关系更紧密的政策。

横向转移支付则广泛适用于所有饮用水源地间的生态补偿。与纵向财政转移支付的补偿含义不同，用水区地方政府对保护区地方政府的财政转移支付应该同时包含生态建设和保护的额外投资成本和由此牺牲的发展机会成本。当然，若由其他手段如经济合作实现了第二个补偿内容的话，则横向转移支付可以只补偿第一个内容；当其他手段只是发挥辅助和强化作用时，则转移支付仍需包含两方面的补偿内容。

（2）生态补偿税费。目前国外典型的税种有二氧化碳税、噪声税、垃圾税、水污染税、土壤保护税、地下水税、超额粪便税、汽车特别税、石油产品消费税等。水源地地区植树造林、保护水土使下游居民的生态环境得到改善，下游生态建设和环境保护的受益者是有责任对生态的保护者和建设者支付费用的。因此，从法理的公平原则出发，通过生态补偿税收的方法，受益者承担生态建设和补偿的责任和义务是合理的。

生态税费是对生态环境定价，利用税费形式征收开发造成生态环境破坏的外部成本。生态税费可解决生态保护的负外部性问题，即在相互作用的经济主体中，一个经济主体对他人产生了影响，而该主体又没有根据这种影响向他人支付赔偿，该问题属生态补偿环境恶化的经济原因之一；相对地，也有正外部性问题，即行为人实施的行为对他人或公共的环境利益有溢出效应，但其他经济人不必为由此带来福利的人支付任何费用，无偿地享受福利。对水源地保护地区，因为植树造林、保护水土使用水区居民的生态环境得到改善，就产生了正外部性，生态建设和环境保护的受益者是有责任对生态的保护者和建设者支付费用的。

开征生态税费的作用一方面可以抑制人们过度利用生态资源，实行清洁生产；另一方面建立生态环境保护激励机制，鼓励水源地生态建设者、保护者的生态保护行为。因此，生态税费的根本目的是刺激保护生态环境、减少环境污染和生态破坏的行为，而不是创造收入。生态环境税在瑞典、丹麦、荷兰、德国等国家都已经成功地将收入税向危害环境税转移，有利于政府对开发、利用、破坏、污染环境资源的行为进行有效管理，增强政府宏观调控能力。

早在 1988 年，我国已经开征水资源费，专项用于水资源的节约、保护和管理等方面。但在水资源费征收过程中，存在缴费人意识不够、缺乏有力征管手段等问题，亟须通过费改税，利用税收强制性、规范性的特点，强化政府对水资源适用的调控能力，进而有效配置水资源。

2016 年 7 月 1 日起，我国税收领域全面推开资源税改革，扩大征税范围，由现行的仅限于与生产密切相关的矿产资源，进一步扩大到与生产、生活均密切相关的水、森林、草场、滩涂等生态资源，此举将有效提高自然资源的开发和利用，让资源税成为名副其实的绿色税收。水资源费改税的试点已于 2016 年 7 月 1 日起在河北省试行，采取水资源费改税方式，将地表水和地下水纳入征税范围，实行从量定额计征，对高耗水行业、超计划用水以及在地下水超采地区取用地下水，适当提高税额标准，正常生产生活用水维持原有负担水平不变。水资源费改税实施后效果明显，不仅促进了河北省水资源的节约集约利用，还抑制了地下水超采，倒逼高耗水企业节水。因此，2017 年 11 月 28 日，中国财政部、国家税务总局、水利部对外公布《扩大水资源税改革试点实施办法》，决定在河北省率先实施水资源税改革试点的基础上，自 2017 年 12 月 1 日起在北京、天津、山西、内蒙古、河南、山东、四川、陕西、宁夏 9 省（自治区、直辖市）扩大水资源税改革试点。

在现有水资源费（水资源税）征收的基础上，建议进一步完善水资源费征收中的限制性、补偿性、扶持性政策，加快实现水资源保护税制对水资源费征收制度的替代。在当前阶段，可考虑从水价中计取水生态补偿资金，提取部分水资源费用于水生态补偿等方式，筹集水源地生态补偿资金。

（3）水权有偿交易机制。水生态补偿多为政府主导，但国家的财政投入毕竟有限，面对繁重的生态建设和保护任务，国家财力尚难全方位承担与水有关的生态补偿成本，需要积极探讨具有可操作性的灵活多样的生态补偿方式；另一方面，生态补偿的最终目标，不是单纯的生态管理手段或融资渠道，而是要建立国家和地区间和谐发展能力，培育科学发展观。

理论上，利用市场手段进行的一对一的生态补偿，有利于实现"谁开发谁保护、谁受益谁补偿、谁破坏谁修复"的生态补偿的基本原则，可以规避行政手段的不足，积极调动社会公众的积极性，是富有效率的配置方式，在国外也是比较成熟的补偿方式。

水权是水资源的所有权以及从所有权中分设出的用益权。而水权交易则是水资源的部分或全部转让，水权交易需要通过交易市场完成。实质上，生态与水资源补偿就属水权的转让，而水权的有偿转让则又是水资源优化配置、提高水资源利用效率的重要经济手段和途径。

黄河流域早在 2004 年就出台了《黄河水权转换管理实施办法》，为水权交易制定了规则，黄河流域也早就有宁蒙水权转让等水权转让试点。2014 年，国家水利部印发《水利部关于开展水权试点工作的通知》，提出要在内蒙古、甘肃、河南等地进一步开展水权试点。因此，应抓住当前政策要点，利用水权的有偿交易制度，探索采用水权交易资金对水源地进行生态补偿。

为调动水源区干部群众的积极性，做到使水源区和用水区互利互惠，共同发展，国家应尽快制定水源地生态保护与水资源开发利用补偿政策。同时，要以公平性、可持续性为原则，在考虑水源区当前生存的成本、为保护生态环境所付出的代价、当地调整产业和发展经济实际需要的基础上，制定"生态环境效益共享，建设保护成本共担，经济实现协调发展"的发展机制，建立健全水权分配与补偿机制，鼓励生态保护者和受益者之间通过自愿协商实现合理的生态补偿，实现在保护中发展，在发展中保护的共赢目标。

（4）信贷、税收优惠。国家可对生态环保型产业进行政策方面的优惠。例如通过制定有利于生态建设的信贷政策，鼓励金融机构在确保信贷安全前提下，由政府政策性担保提供发展生产的贷款，以低息或无息贷款的形式向有利生态环境的行为和活动提供的小额贷款，可以作为生态环境建设的启动资金，鼓励当地人从事生态保护的工作。这样，既可刺激借贷人有效地使用贷款，又可提高行为的生态效率。

当前税收优惠政策主要来自于减税和免税，缺乏利用加速折旧、税前还贷、再投资退税、财政贴息、延期纳税等更加灵活的其他财税优惠方式，来鼓励无污染或污染少、消耗低等企业的大力发展，同时抑制重污染、重消耗、低产出企业的发展。

（5）市场补偿。在市场经济条件下，还需充分开阔思路、提高补偿资金的筹措效率。既要坚持政府主导，努力增加公共财政对水生态补偿的投入，又要积极引导社会各方参与，探索生态补偿市场化运作的模式，逐步建成政府引导、市场推进、社会参与的生态补偿资金筹集方式。随着我国市场化改革的日益深入和全面将强，生态环境领域将逐渐引入市场机制，让市场在生态环境资源中发挥越来越重要的作用。生态补偿市场化将成为未来生态环境领域的重大改革和发展趋势。市场补偿的资金来源主要是下游受益的用水户，包括自来水公司、各个用水企业、个人用水户等。

（6）社会参与。此外，多渠道筹集社会资金，还应当鼓励各种形式的民间组织、金融机构、企业集体、环保社团以及个人参与到水源地的生态环境保护当中。利用各种社会资金和补助方式，援助水源地生态保护建设以及当地的社会经济发展。逐步形成以市场和社会补充政府资金的水源地生态补偿格局。在有条件的情况下，可以成立专门的"水源地生态保护基金"，通过投资、善款募捐等方式，或者发行水源地保护的环保彩票等，筹集社会各界的资金用于水源地环境保护和生态补偿。

捐款是国际环境非政府机构经常使用的补偿手段。一般是一个人或机构通过非政府机构用捐款的形式购买生物多样性或湿地环境，是不需要偿还的。这种形式的资金是有限的，因此更适合用于贫困地区。社会捐赠主要形式有通过发行生态补偿基金彩票、公众募集等方式筹集的资金和接受社会各界人士和有关单位、组织的进行的捐赠等。为了加大生态补偿的力度，充实生态补偿的资金，鼓励社会团体和个人积极广泛参与对水源功能区的生态补偿。针对社会捐赠建立水生态环境保护捐赠资金，专款专用于水源保护区的生态保护和建设。

对照上述生态补偿资金的筹集方式，生态补偿资金的筹集包括 6 大类多个方面，但对于不同地域、不同形式的生态补偿问题，需要结合水源地的实际情况，灵活地采取不同的生态补偿资金筹措方式和途径，实现补偿资金的多元化，才能保证生态补偿资金结构的稳定性和资金供给的可靠性，这是故县水库水源地生态补偿方案拟订中急需解决的重要问题。

7.3.2　近期故县水库水源地补偿资金筹集方案

考虑到财政转移支付和生态补偿税费具有较好的实施基础，对水源地保护区来说也具有迫切性和直接性，易于实施，因此近期内故县水库水源地生态补偿资金主要的渠道为以下 5 个方面。

1. 纵向财政转移支付

纵向财政转移支付是国家（政府）进行生态补偿的一项重要制度，它通过公共财政支出将其收入的一部分无偿的让渡给微观经济主体或下级（同级）政府主体支配使用所发生的财政支出。政府财政资金通常来源于中央、省、市政府：①中央财政资金：主要指中央政府对生态保护与建设项目的投资。②省级政府资金：省级政府每年安排一定数量的资金，对生态环境保护成效显著的地区进行奖励，对做出突出贡献的个人和单位予以奖励。同时，制定自然资源与环境有偿使用政策，对资源受益者征收资源开发利用费和生态环境补偿费。③地方政府资金：地方政府明确建立生态环境补偿基金，确保生态环境补偿具有稳定的资金来源。补偿基金可以从地方政府财政预算安排、水资源税、土地出让金、排污费、排污权有偿使用资金、农业发展基金、森林植被恢复费、矿产资源补偿费和探矿采矿权价款收益中按一定比例提取。纵向财政转移支付多是专项性的补助，转移支付的款项必须用于指定的项目，实行"专款专用"。例如现有的林草及生态保护工程主要有"退耕还林（草）工程""天然林保护工程""森林生态效益补助资金"，这些工程都是通过中央财政转移支付完成的。

（1）积极争取国家财政专项资金在水源保护区的投入。2014 年河南省财政厅、河南省林业厅印发了《河南省天然林资源保护工程财政专项资金管理办法实施细则》，规定：中央财政森林生态效益补偿基金是指中央财政对天保工程区内的国家级公益林安排的森林生态效益补偿基金，中央财政森林生态效益补偿标准：国有的国家级公益林每亩每年 5 元，集体和个人所有的国家级公益林每亩每年 15 元。

故县水库水源地生态保护中小流域综合治理、水土保持工程应争取上级政府在公益林建设工程及退耕还林（草）工程上投入的政府专项资金，促成在财政转移支出项目中加大对生态补偿项目的比重，尤其是对一些有特殊地位的重点生态功能保护区的支出。

（2）充分调动河南省政府生态补偿专用资金。由于水源涵养、水资源和水质保护、生物多样性保护、防洪减灾等生态服务功能的受益者主要是下游的人民群众，而政府作为群众利益的代言人，是环境资源的上级管理者、生态建设的组织者，能充分发挥调剂市场余缺，具有协调不同利益群体的关系的作用。因此，对故县水库水源地保护来说，河南省政府的财政专项资金是水生态补偿资金的主要来源。

河南省财政在进行专用资金转移，应进一步整合现有省级财政专项和补助资金，拓宽专项补偿资金来源渠道，从生态城市建设、新农村建设、环保补助、工业企业技术改造、财政支农资金、扶贫帮困等专项资金中提取部分，将计划安排用于故县水库水源地范围内的各类资金纳入到生态补偿专项财政资金之中，形成聚合效应。并根据今后河南省财力及在生态保护方面的投入力度，酌情稳步提高水生态补偿专项资金的数量。

故县水库水源地水土保持补偿基金按照水土保持工程当年所需的投入，可以从河南省政府财政预算安排。由河南省财政组织从农业发展基金、森林植被恢复费、矿产资源补偿费和探矿采矿权价款收益、水资源和水环境保护、生物多样性保护、防洪减灾、新农村建设、环保补助、财政支农资金、扶贫帮困资金中按一定比例提取。同时还应尽可能争取国家在"天保"工程、公益林建设工程及退耕还林（草）工程上投入的政府专项资金的支持。通过国家和河南省专项资金的聚合，完成对水土保持工程投入的补偿。

按照前文对水土保持工作投入的计划，除地方上争取到的国家专项投资以外，河南省财政还需集合上述各类基金、资金和补助与国家专项投资合力，满足近期水土保持工程补偿资金。

2. 横向财政转移支付

横向转移支付是同级政府采取财政间的转移支付。它通过横向转移改变地区间既得利益格局，实现地区间公共服务水平的均衡。主要的支付方式是财政较富裕的受益地区政府按照一定的标准计算拨付给财政较为贫困的水源保护地区政府的补偿金。因此，故县水库水源地还应该将生态补偿资金来源渠道拓宽到横向转移支付，即下游地区及受益地区从财政中划出固定的一部分作为对水源区的横向资金补偿。在故县水库水源地，应该支付横向财政转移资金的是洛阳市、宜阳县、洛宁县地方政府，而获得横向转移支付的地方政府为水源保护方卢氏县、洛宁县政府。

3. 从水资源税中提取生态补偿资金

由上述用途可知，故县水库水源地供水所收缴的水资源税可以用来做故县水库水源地保护及生态补偿试点的部分资金来源。故县水库供水所收缴的水资源税上缴地方的部分中将 50% 直接提取为生态补偿资金，即补偿额为 0.1225 元/m³，根据《故县水库引水工程水资源论证报告》，故县水库引水工程近期（2020 年）最大毛取水量 0.9892 亿 m³，远期（2030 年）最大毛取水量 1.5768 亿 m³。按照年取水量计算，近期可从水资源税中扣缴生态补偿部分为 1212 万元/年。

4. 从水费中提取部分生态补偿资金

假定由水价的 5% 承担部分补偿费用，洛阳市目前第一阶梯水价为 3.2 元/m³，即补偿额为 0.16 元/m³，根据《故县水库引水工程水资源论证报告》，故县水库引水工程近期（2020 年）最大毛取水量 0.9892 亿 m³，远期（2030 年）最大毛取水量 1.5768 亿 m³。按照年取水量计算，近期需要对洛阳市扣缴生态补偿金 1583 万元/年。

5. 总生态补偿资金

综上所述，近期，故县水库水源地生态补偿资金主要来源于 4 个方面：①河南省政府纵向转移支付及争取到的国家对林业的财政专项资金；②受水区因用水受益而由市（区）政府支付的横向转移支付资金；③故县水库水源地供水所收缴的水资源税中提取的生态补偿资金 1212 万元/年；④用水户缴纳水费中提取的生态补偿资金 1583 万元/年。

7.3.3　远期故县水库水源地补偿资金筹集

由上节可知，近期内补偿资金的筹集以政府的财政转移为主，水资源税中提取的生态补偿金也来源于水行政主管部门，该部分资金来源稳定，易于在生态补偿过程中产生明显效果。但单一的资金补偿结构不利于提高用水户的节水意识及生态环境保护的积极性。

因此，除了追求生态补偿的短期效应，还应探索建立多元化生态保护补偿机制，逐步扩大补偿范围，将补偿由单纯的政府行为推向结合市场和社会的政府行为，合理地推行补偿资金的分摊，既有效地抑制人们过度利用生态资源，又能建立生态环境保护激励机制，鼓励水源地生态建设者、保护者的生态保护行为。远期故县水库水源地补偿资金筹集可考虑如下 3 种来源：

（1）增加原水水价中生态补偿资金的比例。水资源的价格机制是补偿机制的约束手段。科学的水价是水资源良性循环的重要保证，也是合理利用水资源的调节器。因此，故县水库可以探索在水价中征收一定比例的水资源保护补偿基金，使用水资源的一方对水资源的保护承担一定的责任，体现公平的原则。所筹集的资金应进入生态补偿资金专用账户，采取适当的分配与管理模式，做到资金运用的公开公正。

在水价中将水源地居民丧失的机会成本和投入的费用体现出来，既可以树立城市居民节约用水、珍惜水资源价值的观念，又能获取部分资金用于水源地的生态补偿，补偿金用可于对当地农民和相关管理部门保护水源的行为或投入进行经济补偿。推进水资源价格改革，建立有利于水资源节约和环境保护的价格体系，完善其价格形成机制，是建立水资源补偿机制的必然选择。

但是价格是区域经济和社会生活的重要影响因子，价格的调整一方面要考虑社会经济发展的需求，另外一方面还要考虑用水户的缴纳意愿和承受能力。因此，原水价格的调整所得的生态补偿基金不宜调整过大，可在远期经过用户意愿调查及价格听证后提高其占水价的比例。

（2）建立保护区与下游用水户间的水权交易模式。随着城市的快速发展，城市用水越来越紧张，水资源也越来越珍贵。不少城市不得不向异地购买饮用水。2000 年 11 月 24 日，浙江中部的东阳、义乌两市进行了我国首例水权交易，一次性出资 2 亿元购买东阳横锦水库每年 4999.9 万 m³ 水的使用权。进而引起了全国范围内的水权实践和理论探索的大讨论。按照生态补偿原则，水权交易除了考虑原水的制水成本以外，还应该按照水源涵养区的涵养成本来计算和支付费用，这样才比较合理、才能促进上游水源涵养区水生态的持续发展。但水权交易在我国目前总体上尚处于探索阶段，未取得实质性突破。主要的原因是法规建设滞后，水资源确权和水权交易存在法规制约，认识上有分歧，水资源监管能力还很薄弱。

通过水权交易不仅可以促进资源的优化配置，提高资源利用效益，而且有助于实现保护生态环境的价值，因而可以作为实施生态补偿的市场手段之一。黄河流域早在 1987 年就实施了流域水量分配制度，全面实行取水许可制度，并进行了水权交易的试点工作，在水资源的管理、开发、利用中发挥了一定的作用。基于不同的水量分配方式，中国的水权交易有跨流域交易、跨行业交易和流域上下游交易等不同形式。流域上下游的水权交易有以下 3 种情形：①基于流域水量分配，上流地区将节余的水资源有偿提供给下游地区，主要意义在于资源优化配置；②下游地区通过管道等从上游地区引用优质水，下游地区给上游地区一定的补偿，实现保护优质水资源的价值；③上游地区通过努力保护水质，给下游地区提供了优质水资源，下游避免了使用劣质水资源的损失，这部分受益可以以某种非资金的方式补偿给上游地区，实现流域上下游"双赢"。

（3）以优质水源为特色，结合市场创建水源"生态标记"。生态标记是指对生态环境服务的间接支付方式，是企业在赢得消费者信赖的友好的市场运作中，自发地回馈给原材料提供者的价外支付，可用作生态补偿资金。在我国较典型的案例就是农夫山泉品牌的生态标记。农夫山泉公司认为水源地人民为了保护水源而牺牲了一定的经济发展。因此公司希望能为水源地的环境保护尽自己的一份力，所以在每瓶水中拿出一分钱捐献给水源地。

可见，生态标记是一种对生态环境服务的间接支付方式，这种支付方式的关键之处在于赢得了消费者信赖，并将部分销售收入用于帮助水源地生态保护者，以更好的水源回报消费者。这种方式，可以增强水源地相关居民及企业的环保意识，切实保护了水源地的生态环境，同时也有利于企业自身的发展，并使用户真正用上了具有"生态标记"的产品，真正实现了发展、保护与经济的"三赢"。

与依附财政转移支付的政府补偿相比，市场补偿是水源地生态受益者对保护者的直接补偿，水源地生态保护者与受益者之间实现"对接"，各利益主体通过市场机制享受其权利并承担相应的责任，实现各自的利益诉求，是较为理想的生态补偿资金筹集方式。

　　然而，与政府补偿相比，市场补偿也存在着因市场机制不完善而使补偿难度大、缺乏相关法律法规配套等问题。建议市场补偿只能作为辅助补偿手段服务于水源地远期的补偿任务，随着我国市场机制的不断完善，使市场补偿在水源地生态补偿制度建设中发挥更加重要的作用。

第 8 章　生态补偿制度实施的保障机制

8.1　生态补偿的法律及政策保障机制

　　故县水库水源地生态补偿制度的顺利实施，必须有强有力的法规、政策作为支撑和保障。河南省政府作为故县水库水源地生态补偿最主要的补偿主体，应该及时做好水源地生态保护、生态补偿地方法规的立法工作，逐步出台水源地生态补偿机制的相关政策，通过立法制定水源地生态补偿机制构建的内容、原则以及利益相关者的准确界定等，使水源地生态补偿政策和补偿制度日趋完善。

　　同时，随着故县水库水源地生态补偿工作的推进和不断深入，故县水库管理部门及受水区地方政府根据自身特点，可对有关条例和政策提出修改意见，上报河南省政府审核，不断完善水源地生态补偿标准。

　　另外，河南省政府及故县水库水源地生态补偿涉及的地方政府还应当注重水源地生态补偿制度实施过程中其他配套措施及其相关政策的制定，如产业结构的调整、财政政策的倾斜、生态移民、差别化排污收费政策、废弃物处理价格政策等，通过多方努力推进故县水库水源地生态补偿制度的顺利实施。

8.2　生态补偿的组织管理保障机制

　　（1）加强组织领导。故县水库水生态补偿涉及三门峡市、洛阳市两市，为加快故县水库水源地水生态补偿工作的推进，加强水生态补偿的组织协调能力，建议从省级层面建立责、权、利统一的水生态补偿协调机构，成立故县水库水源地生态补偿机制实施工作领导小组，负责对生态补偿机制工作的统一领导和部署。由河南省政府主要领导任组长，分管领导任副组长,成员单位涵盖财政、发改、农业农村、生态环境、水利、工业信息、自然资源、民政、教育、建设、规划、城管、交通、旅游、灌溉管理局等部门及相关县区单位。领导小组下设办公室,负责协调、指导、督查、项目评审和监督管理等工作。

(2)落实工作责任。故县水利枢纽管理局及卢氏县、洛宁县人民政府作为组织实施工作的责任主体,应签订水源地生态补偿工作项目责任书,并将各方在水源地治理和保护中的重点工作,层层分解任务,细化措施,落实责任,生态环境、水利、财政、林业等部门根据工作需求和职能管理负责相应的工作。

故县水利枢纽管理局应做好流量、供水量等基础数据监测工作,并及时上报上级相关单位;水利部门严格按照"三条红线"标准对故县水库供水区(洛阳市、洛宁县、宜阳县)测算上一年度用水量、用水总量控制指标及按一定的分摊系数应征收的生态补偿资金;生态环境部门应对故县水库水源地保护区内各县及汇入支流上一年度水环境保护与治理工作进行监管与考核;林业部门会同自然资源、农业农村、生态环境、城建等部门做好故县水库水源地保护区内水土保持、森林覆盖率等生态指标数据的收集,为测算收取相应的生态补偿费用提供依据;财政部门要牵头并会同发改、生态环境、林业、水利等部门对各地区生态补偿资金的使用情况进行定期监督检查,审计部门要定期对各地区流域生态补偿资金的使用情况进行审计。

(3)完善规划和项目管理。制定实施《故县水库水源地水环境生态保护和发展规划》,明确故县水库水源地水环境生态保护和发展的重点任务,统筹推进水库水环境综合整治。市生态环境局会同市财政局、市水利局负责组织有关县区和市直部门结合实际,开展项目谋划,经筛选审查论证,报市政府批准,建立项目储备库。有关县区和市直部门根据补偿资金额度,按年度编制重点项目计划,组织项目申报,由市水环境生态补偿领导小组办公室组织专家评审并报市政府同意后下达项目计划。

(4)强化资金管理。各地区及有关部门要根据各自的职责和分工,细化具体工作措施,切实加强生态补偿资金的使用和管理。故县水库水源地保护区内各县财政部门应建立健全生态补偿资金使用管理制度,强化生态补偿资金的日常监管,自觉接受同级别或上级人大常委会、政协、纪检委等部门的监督和检查。河南省财政厅和审计部门需加大对地方补偿资金的监管和审计力度。通过定期检查、重大项目跟踪、重点抽查、年度上报等方式，及时、随时了解并掌握地方补偿资金的安排使用情况，发现问题及时上报，经上级主管单位研究给出处理意见，地方部门应及时改正，以推进生态补偿机制有序有力实施。

（5）严格督查考核。在省级层面，将水生态补偿工作列入省委省政府对洛阳市、三门峡市人民政府年度重要工作目标责任制重点考核内容，建立科学的考核评价机制；在市级层面，洛阳市、三门峡市人民政府将水生态补偿工作列入市委市政府对各相关县（区）及市有关部门年度重要工作目标责任制重点考核内容，建立科学的考核评价机制。

将水生态补偿的资金筹集、资金拨付使用情况、补偿工作开展情况等纳入政府、相关部门领导干部政绩考核的内容，并进行年度考核，制定相应奖惩措施。

（6）注重宣传引导。充分发挥舆论引导作用，开展形式多样、内容丰富、贴近公众的宣传教育活动，充分调动广大人民群众参与生态环境保护的积极性，自觉树立环保意识，努力营造全流域参与保护水源地的良好氛围。

具体可分为以下 5 个方面。

1）加强水源地生态保护的宣传教育力度，提高全民环保意识。在学校、社区、企业开展水源地生态环境保护的教育活动，利用讲座、宣传海报以及各种媒体手段，宣扬保护水源和水源地生态环境保护建设的重要性，形成全民关注水源地环境保护的良好氛围。

2）通过开展各种知识下乡活动、学生社会实践活动，在农村大力宣传环保知识，动员农村居民参与到水源地的生态环境保护当中，提高全民生态环境保护意识。

3）引进科技人才，带动水源地居民以"科技兴农"，开展农民培训活动，普及科学种植、高效养殖的科普知识，以保护水源地生态环境为基础，促进水源地群众在保护环境的同时致富持家。

4）积极推动水源地"生态示范村""环境教育基地"的试点建设工作。在水源地选取具有代表性的村落，引进优秀的科技人才与技术，发展生态产业。在示范点做好环保知识、环保理念的普及工作，提高公众的环保意识。使示范点起到水源地生态环境保护和生态产业建设的示范与带头作用。

5）深入开展环境保护的警示教育。提高群众的环境忧患意识，对环境保护不当、破坏严重的危害进行宣传和警示，促进全社会关注环境问题。增强领导干部的自觉性，提高可持续发展的认识，做好对群众的教育警示工作。

8.3 生态补偿的经济激励保障机制

（1）加大对循环经济投资的支持力度。卢氏县、洛宁县发改委在制定和实施投资计划时，要将"减量化、再利用、资源化"等循环经济项目列为重点投资领域，要加大对循环经济的支持，对发展循环经济的重大项目和技术示范产业化项目，政府要采用直接投资或资金补助、贷款贴息等方式加大支持力度，充分发挥政府投资对社会投资的引导作用。

（2）利用价格杠杆促进资源节约、环境保护的落实。调整资源性产品与最终产品的比价关系，理顺自然资源价格，逐步建立起能够反映资源性产品供求关系的价格机制。省物价局应该在价格和收费标准上对生态种植、养殖业产业化发展予以倾斜，发挥成本调查和价格监测的基础性作用。

实施支持性价格政策，引导工业、洗车、市政等行业使用再生水。目前，洛阳市区已开始实施阶梯水价制度，通过价格杠杆有效地使居民自觉做到节约用水。下一步应尽快推进阶梯水价在县域及除居民用水以外的其他用水户中的实施。

（3）制定有利资源节约、环境保护的财政税收政策。财政税收是调控资源节约、环境保护至关重要的动力因素。财政部门应将补偿资金纳入年度预算、要积极安排资金，支持发展保护环境方面的政策，研究技术推广、示范试点、宣传培训；要支持推进产业结构优化升级，发展集约农业、生态农业、高新技术产业等，继续完善有利于促进再生资源回收利用的税收优惠政策，用税收硬杠杆来激励制约循环经济的发展。

8.4 生态补偿的公众参与机制

水源地生态补偿因水的多元价值而涉及众多的利益主体，形成纵横交错的利益关系，在某种意义上说，生态补偿也是一种利益协调方式。公众是生态补偿机制落实的最终对象，公众的知识、认知和意愿直接影响保护区管理的效果。尤其是在偏远的贫困地区，生活水平低下造成意识的低下，从而不会自觉地保护生态。提高公众资源管理能力的重要因素之一是改变目前实施的自上而下的"一刀切"政策。因此，在制定生态补偿机制和规划时要充分鼓励公众的参与，采取"边学边做"的方法，通过项目实施，加强政府部门和社区组织的能力建设。

因此，故县水库水源地生态补偿在实施过程中，只有各相关利益主体积极主动地参与生态补偿工作，才能发挥其对水源地保护的真正效用。

（1）明确公众参与的主体范围。生态补偿的法律主体包括：①生态补偿的权利主体，包括水源区居民、企业和社会；②补偿的义务主体，包括受水区居民、企业和社会；③生态补偿的实施者，包括各级政府及其相关的职能部门。亦可按照补偿的主体和客体进行划分。在明确了水源地生态补偿公众参与主、客体范围的前提下，依法拓宽公众参与的生态补偿渠道。

根据故县水库水源地保护区范围、供水区及管理部门对故县水库水源地生态补偿公众参与的主客体范围进行划分。故县水库水源地生态补偿的主体为河南省政府和洛阳市、洛宁县、宜阳县 3 个地方政府，其中以洛阳市政府作为最主要的补偿主体，其他政府补偿为辅；故县水库水源地生态补偿的客体包括故县水库水源地保护区内的农户、故县水利枢纽管理局，以及为故县水库的保护和治理做出相应贡献的故县水库上游卢氏县水源区政府。

（2）增强群众的生态补偿参与意识。水源保护区生态效益补偿必须得到全社会的关心和支持，应注重生态补偿的科普教育和大众教育，提高群众的生态补偿意识，站在整个经济共同发展的角度，发展区域项目，保证基础设施建立"保护生态就是发展生产力"的观念。明确生态效益补偿的政策，以及责、权、利分配，使公众积极主动参与到生态保护和建设中来，并对管护人员进行专业培训，提高保护的效率和能力。

（3）完善公众参与模式。从故县水库水源地保护区范围、故县水库供水对象、生态环境治理者来看，故县水库水源地生态补偿涉及多个利益相关者，并且存在一定的差异。因此，故县水库水源地生态补偿机制实施过程中应大量吸引公众参与。可通过政府职能部门、媒体、NGO 组织、学术会议等渠道参与到决策制订和实际操作中。让公众认识到自己是水源地保护及周围环境的创造者和管理者，而非一个志愿者，激发他们的参与热情。同时，政府应该制定相关政策，使公众深层次、持久地参与，才能真正为决策服务。

（4）公开生态补偿信息。政府信息的不公开极大地削弱了公众的参与能力。在水源地生态补偿过程中，要改变政府、管理机构、公众信息不透明和不对称的状况，实施信息透明和信息共享，使政府、管理机构、公众共同参与，提高决策的有效性。

在故县水库水源地生态补偿机制实施过程中，①应该明确信息公开的范围，比如：水源地保护区内各乡镇的人口、牲畜、企业等社会经济发展指标，故县水库来水、供水、水质等水资源及水环境监测指标，生态补偿资金的分配、管理、使用等情况；②明确信息公开的主体，以故县水库水库管理局为主体，会同财政、水利、环保等相关部门做好信息公开工作；③建立信息公开的渠道，应以政府网站作为信息公开的第一平台，同时应用微博、微信等多种渠道实现信息公开。

第9章 结论与建议

9.1 结论

本书在国内外水生态补偿研究进展和实践经验的基础上，构建了黄河流域水源地生态补偿的总体框架，以故县水库水源地为例，分析了水源地生态补偿机制现状及存在问题，提出了故县水库水源地生态补偿的原则、依据和思路，确定了故县水库水源地生态补偿的实施范围和补偿主客体；计算了以生态系统服务功能影响评估为上限和成本测算为下限的水源地水生态补偿标准，同时对水生态补偿方式、资金筹集、保障机制等进行了研究。主要研究内容包括以下6点。

（1）在对国内外水生态补偿机制研究与实践现状调研的基础上，对故县水库水源地水生态补偿机制的现状进行调查及资料收集工作，分析了故县水库水源地水生态补偿中存在的问题和制约因素。

（2）从黄河流域水生态补偿的现状出发，分析了在黄河流域进行水源地生态补偿的必要性，并构建了水源地生态补偿的总体框架，包括补偿范围、补偿主客体、补偿标准、补偿方式、保障机制等。

（3）在厘清生态补偿原则、依据和思路的基础上，指出了故县水库水源地生态补偿实施方案的补偿范围应包括故县水库水源地保护区范围和库区上游卢氏县水源区范围，并确定了故县水库水源地生态补偿的主体与客体。

（4）在确定补偿范围的基础上，通过调查与统计等手段，采用生态系统服务功能价值方法确定故县水库水源地生态补偿的上限，采用生态保护建设总成本和机会成本法确定水源地生态补偿的下限，建议近期采用补偿标准下限进行补偿，并对补偿费用在各补偿主体间进行了分摊。

（5）在对不同生态补偿方式研究的基础上，结合故县水库实际，提出故县水库水源地水生态方式包括以资金补偿为基础，政策补偿为引导，"造血"补偿为补偿，构建流域水权交易市场等；并提出了近期、远期故县水库水源地生态补偿资金的筹集方式。

（6）保障措施研究。从法律政策、组织管理、经济激励、公众参与机制等方面，提出保障故县水库水源地水生态补偿机制实施的多项措施。

9.2 建议

推进建立水生态补偿机制，需要将水生态补偿与推动生态文明建设的整体布局相结合，通过建立补偿的法律法规体系、补偿的标准体系，并基本确定补偿的资金渠道，初步形成市场化的补偿方式等，有效的推进生态补偿机制的建立与完善。

（1）完善生态补偿相关法律政策。现有的法律法规都没有对生态补偿的相关内容做出详细的规定，例如补偿基金支付和管理等方面的问题、制定补偿模式的具体操作程序、补偿资金管理办法等。如果没有一个法律依据和政策依据，地方很难有突破性的进展，特别是涉及跨界的问题，不搭建政策平台，地方困难重重。生态补偿要依照相关法律有序地进行，必须保障补偿的连续性，防止"人存政兴、人走政息"。必须用法律手段保障政府有关生态补偿的方针和政策得以贯彻和执行，用法律规范、约束人们对流域资源的各种开发、利用行为。2019 年，黄河流域生态保护和高质量发展上升为国家战略。2020 年 3 月，国家发展改革委公布生态综合补偿试点县（市）名单，下发《关于做好生态保护补偿立法研究工作的通知》。2020 年 11 月，国家发展改革委起草了《生态保护补偿条例（公开征求意见稿）》并向社会公开征求意见。

所以，生态补偿的立法已成为当务之急，通过立法急需以法律形式，将补偿范围、对象、方式、补偿标准等的制定和实施确立下来。立法主要包括以下两方面：

1）尽快出台《生态保护补偿条例》，推动保护和改善生态环境，加快形成符合我国国情、具有中国特色的生态保护补偿制度体系；

2）完善修改《水土保持法》《环境保护法》等相关法规，将生态补偿的条款纳入其中，重点解决与水有关的生态补偿问题。

针对故县水库水源地生态保护，建议当地政府结合实际，参照《陆浑水库饮用水水源保护条例》，尽快制定故县水库饮用水水源保护相关规章条例，以政策制度规范水源地生态保护行为，对保护区管理、生态环境建设、生态补偿资金投入的方针、政策、制度和措施进行统一的规定和协调。

（2）完善水质水量监测制度。水库水源地生态补偿，主要依靠水库进出口界面上的水量和水质指标进行考核。完善水源地进出口处水量水质监测制度，既是水源地水生态补偿机制的基础，又是其重要组成部分。因此，为了确保水源地生态补偿工作的开展，必须进一步完善水库进出口断面的水质水量监测制度：

1）在水质认定方面，水行政主管部门、水源地管理机构根据《水法》《水污染防治法》等法规在各自权限范围内进行水质监测、上报工作；

2）在水量认定方面，水源地管理机构应发挥其在水量的监控职能和生态补偿中的监督和认定作用。

（3）将故县水库水源地生态保护纳入地方发展规划。为促进故县水库水源地生态保护，加快生态建设步伐，必须结合实际，规划先行。卢氏县作为故县水库上游汇水区，在制定地方发展规划时，应充分考虑到水源地生态保护需要，在产业结构调整、水环境治理、垃圾及污水处理等方面明确对故县水库水源地的保护作用，以消除影响入库水质的安全隐患，提高水环境质量，确保故县水库水质达到饮用水源供水要求。

（4）建立水生态补偿评估制度。为更好实施水生态补偿，尤其针对水源地生态保护工程的生态补偿，应建立评估制度，包括前评估和后评价。其中前评估是对水生态补偿项目建设技术方案进行评估，包括水生态系统服务功能价值、不同利益相关者的损益关系、生态补偿的额度等，以确保流域内各利益相关者能够均等享受生态系统服务功能价值和承担相应的费用；后评价是在水生态补偿实施并运行一段时间后，对实施效果进行考核，包括技术方案、实施过程、实施效果以及利益相关者的意见等，供以后实施的水生态补偿进行参考。

（5）深入开展生态补偿标准测算工作。科学的制定补偿标准是确保生态补偿顺利实施的关键，本书提出了故县水库水源地生态补偿标准的测算上限和下限，然而由于资料获取关系水源地保护建设成本数值尚未列入。

因此，在随后的工作中，还需结合故县水库水源地生态保护工程建设的实际，进行调整计算，提高补偿标准的精确性。

（6）建立水生态补偿协商机制和仲裁制度。水生态标准的确定需要补偿主客体协商确定，因此，需尽快建立水生态补偿协商机制和仲裁制度。根据与水有关生态补偿涉及地域范围不同，探索建立不同的协商机制和仲裁制度。

（7）推动政府和市场相结合的水生态补偿方式。当前水源地水生态补偿方式主要还是政府主导型的，以资金补偿为主，建议远期更多运用横向补偿机制，增加用水户参与度，运用政府和市场两种手段实施水生态补偿。

参 考 文 献

［1］ 安森东. 美德法生态税制建设比较与经验借鉴 ［J］. 行政管理改革，2015，（2）：65 - 69.

［2］ 徐丽媛. 生态补偿财税责任立法的国际经验论析 ［J］. 山东社会科学，2017，（3）：168 - 176.

［3］ 王雨蓉，陈利根，陈歆，等. 制度分析与发展框架下流域生态补偿的应用规则：基于新安江的实践 ［J］. 中国人口·资源与环境，2020，30（1）：41 - 48.

［4］ 郝晶，徐明德，张挺东，等. 饮用水源地生态环境补偿机制研究 ［J］. 能源与节能，2015，（1）：108 - 110.

［5］ 王家齐，郑国宾，刘群，等. 红枫湖流域生态补偿断面水质监测与补偿额测算 ［J］. 环境化学，2012，31（1）：917 - 918.

［6］ Simon Zbinden，David R Lee. Paying for Environmental Services：An Analysis of Participation in Costa Rica's PSA Program ［J］. World Development，2005，33（2）：255 - 272.

［7］ Wunder S. Payments for environmental services：some nuts and bolts ［J］. CIFOR Occasional Paper，2005，（42）：1 - 24.

［8］ Wunder S. The efficiency of payments for environmental services in tropical conservation ［J］. Conservation Biology，2007，21（1）：48 - 58.

［9］ Pagiola S，Arcenas A，Platais G. Can Payments for Environmental Services Help Reduce Poverty? An Exploration of the Issues and the Evidence to Date from Latin America ［J］. World Development，2005，33（2）：237 - 253.

［10］ 谢琼，付青，昌盛，等. 城市饮用水水源规范化管理机制及其对水质改善的驱动作用 ［J］. 西北大学学报（自然科学版），2020，50（1）：68 - 74.

［11］ 李浩，黄薇，刘陶，等. 跨流域调水生态补偿机制探讨 ［J］. 自然资源学报，2011，26（9）：1506 - 1512.

［12］ 李建，贾海燕，徐建锋. 长江流域水库型水源地生态补偿研究 ［J］. 人民长江，2019，50（6）：15 - 19.

［13］ 邓明翔. 滇池流域生态补偿机制研究 ［D］. 昆明：云南财经大学，2012.

［14］ 石利斌. 城市水源地生态补偿分区与管治研究 ［D］. 北京：首都经济贸易大学，2014.

［15］ 李森，丁宏伟，何佳，等. 昆明市清水海水源保护区生态补偿机制探讨 ［J］. 环境保护科学，2015，41（3）：126 - 131.

［16］ 王爱敏，葛颜祥，接玉梅. 水源地保护区生态补偿主客体界定及其利益诉求研究

[J]．山东农业大学学报（社会科学版），2017，（74）：35－41．

[17]　金弈，徐国鑫，乔海娟，等．引汉济渭工程水源地保护区生态补偿机制研究［J］．水利发展研究，2021，21（4）：50－55．

[18]　张君，张中旺，李长安．跨流域调水核心水源区生态补偿标准研究［J］．南水北调与水利科技，2013，11（6）：153－156．

[19]　常书铭．浅论水生态补偿机制构建：以山西省汾河水库上游水源涵养区为例［J］．中国水利，2015（4）：17－20．

[20]　Shen N，Pang A，Li C，et al. Study on Ecological Compensation Mechanism of Xin'an Spring Water Source Protection Zone in Shanxi Province，China［J］．Procedia Environmental Sciences，2010（2）：1063－1073．

[21]　刘玉龙，许凤冉，张春玲，等．流域生态补偿标准计算模型研究［J］．中国水利，2006（22）：35－38．

[22]　阮本清，许凤冉，张春玲．流域生态补偿研究进展与实践［J］．水利学报，2008，39（10）：1220－1225．

[23]　徐大伟，郑海霞，刘民权．基于跨区域水质水量指标的流域生态补偿量测算方法研究［J］中国人口资源与环境，2008，18（4）：189－194．

[24]　耿涌，戚瑞，张攀．基于水足迹的流域生态补偿标准模型研究［J］．中国人口·资源与环境，2009，19（6）：11－16．

[25]　Kosoy N，Martinez－Tuna M，Muradian R，et al. Payments for environmental services：Insights from a comparative study of three cases in Central America［J］．Ecological Economics，2007（61）：446－455．

[26]　Thu Thuy P，Campbell B M，Garnett S. Lessons for Pro－Poor Payments for Environmental Services：An Analysis of Projects in Vietnam［J］．Asia Pacific Journal of Public Administration，2009，31（2）：117－133．

[27]　王军锋，吴雅晴，姜银萍，等．基于补偿标准设计的流域生态补偿制度运行机制和补偿模式研究［J］．环境保护，2017，45（7）：38－43．

[28]　Munoz－Pina C，Guevara A，Torres J M，et al. Paying for the hydrological services of Mexico's forests：Analysis，negotiations and results［J］．Ecological Economics，2008，65（4）：725－736．

[29]　江中文．南水北调中线工程汉江流域水源保护区生态补偿标准与机制研究［D］．西安：西安建筑科技大学，2008．

[30]　毛占锋．跨流域调水水源地生态补偿研究［D］．西安：陕西师范大学 2008．

[31]　王彤，王留锁，姜曼．水库流域生态补偿标准测算体系研究：以大伙房水库流域为例［J］．生态环境学报，2010，19（6）：1439－1444．

[32]　李维乾，解建仓，李建勋，等．基于改进 Shapley 值解的流域生态补偿额分摊方法［J］．系统工程理论与实践，2013，33（1）：255－261．

[33]　Moreno－Sanchez R，Maldonado J H，Wunder S，et al. Heterogeneous users and willingness to pay in an ongoing payment for watershed protection initiative in the Colombian Andes［J］．Ecological Economics，2012，75（3）：126－134．

[34]　常书铭．汾河水库上游水源涵养区水生态补偿标准研究［J］．人民黄河，2016，38（9）：56－58．

[35] Liu M，Guo J. Comparisons and improvements of Eco‐compensation standards for water resource protection in the middle route of the south‐to‐north water diversion project [J]. Water Science & Technology Water Supply，2020，20 (8)：2988‐2999.

[36] 潘美晨，宋波. 受偿意愿应作为生态补偿标准的上限 [J/OL]. 中国环境科学，2021 (2)：https://doi.org/10.19674/j.cnki.issn1000‐6923.20210218.005.

[37] 李雪松，李婷婷. 南水北调中线工程水源地市场化补偿机制研究 [J]. 长江流域资源与环境，2014，(23)：66‐72.

[38] 孔凡斌，廖文梅. 基于排污权的鄱阳湖流域生态补偿标准研究 [J]. 江西财经大学学报，2013，88 (4)：12‐19.

[39] 孔凡斌. 江河源头水源涵养生态功能区生态补偿机制研究：以江西东江源区为例 [J]. 经济地理，2010 (2)：299‐305.

[40] 白景锋. 跨流域调水水源地生态补偿测算与分配研究 [J]. 经济地理，2010 (4)：657‐687.

[41] 马静，胡仪元. 南水北调中线工程汉江水源地生态补偿资金分配模式研究 [J]. 社会科学辑刊，2011 (6)：136‐139.

[42] 刘强，彭晓春，周丽旋，等. 城市饮用水水源地生态补偿标准测算与资金分配研究：以广东省东江流域为例 [J]. 生态经济，2012 (1)：33‐37.

[43] 孙贤斌，黄润. 基于 GIS 的生态补偿分配模型及其应用研究：以安徽省会经济圈六安市为例 [J]. 水土保持通报，2013 (4)：195‐199.

[44] 朱九龙，王俊，陶晓燕，等. 基于生态服务价值的南水北调中线水源区生态补偿资金分配研究 [J]. 生态经济，2017 (6)：127‐132.

[45] 汪义杰，穆贵玲，谢宇宁，等. 水源地生态补偿资金分配模型及其应用：以鹤地水库为例 [J]. 生态经济，2019，35 (11)：194‐200.

[46] Zhou Y，Zhou J，Liu H，et al. Study on eco‐compensation standard for adjacent administrative districts based on the maximum entropy production [J]. Journal of Cleaner Production，2019，221：644‐655.

[47] 王西琴，高佳，马淑芹，等. 流域生态补偿分担模式研究：以九洲江流域为例 [J]. 资源科学，2020，42 (2)：242‐250.

[48] 於嘉闻，龙爱华，邓晓雅，等. 湄公河流域生态系统服务与利益补偿机制 [J]. 农业工程学报，2020，36 (13)：280‐290.

[49] 钟晓芳，兰红娟，江文奇. 共识驱动的区间直觉模糊型多准则群体决策信息融合模型 [J]. 系统工程与电子技术，2020.

[50] Zhang H，Zhao S，Kou G，et al. An overview on feedback mechanisms with minimum adjustment or cost in consensus reaching in group decision making：Research paradigms and challenges [J]. Information Fusion 60，2020：65‐79.

[51] Engel S，Pagiola S，Wunder S. Designing payments for environmental services in theory and practice：An overview of the issues [J]. Ecological Economics，2008，65 (4)：663‐674.

[52] Cranford M，Mourato S. Community conservation and a two‐stage approach to payments for ecosystem services [J]. ecological economics，2011，71 (15)：89‐98.

[53] Amigues，J P，Boulatoff，C，Desaigues，B，et al. The benefits and costs of ripari‐

an analysis habitat preservation: A willingness to accept/willingness to pay contingent valuation approach [J]. Ecological Economics, 2002, 43 (1), 17 - 31.

[54] Bienabe E, Heame R R. Public preferences for biodiversity conservation and scenic beauty within a framework of environmentalservice payment [J]. Forest Policy and Economics, 2006, (9), 335 - 348.

[55] Moran D, McVittie A, Allcroft D J, et al. Quantifying public preferences for agri - environmental policy in Scotland: A comparison of methods [J]. Ecological Economics, 2007, 63 (1): 42 - 53.

[56] Diswandi D. A hybrid Coasean and Pigouvian approach to Payment for Ecosystem Services Program in West Lombok: Does it contribute to poverty alleviation? [J]. Ecosystem Services, 2017, (23): 138 - 145.

[57] 舒卫先, 尚小川. 淮河流域水库型重要饮用水水源地生态补偿模式探讨 [J]. 治淮, 2016 (1): 83 - 84.

[58] 王燕. 水源地生态补偿理论与管理政策研究 [D]. 泰安: 山东农业大学, 2011.

[59] 葛颜祥, 王蓓蓓, 王燕. 水源地生态补偿模式及其适用性分析 [J]. 山东农业大学学报 (社会科学版), 2011, 49 (2): 1 - 6.

[60] Clements T, John A, Nielsen K, et al. Payments for biodiversity conservation in the context of weak institutions: Comparison of three programs from Cambodia [J]. Ecological Economics, 2010, 69 (6): 1283 - 1291.

[61] Muradian R, Corbera E, Pascual U, et al. Reconciling theory and practice: An alternative conceptual framework for understanding payments for environmental services [J]. Ecological Economics, 2010, 69 (6): 1202 - 1208.

[62] Wunder S, Engel S, Pagiola S. Taking stock: A comparative analysis of payments for environmental services programs in developed and developing countries [J]. Ecological Economics, 2008, 65 (4): 834 - 852.

[63] Garciaa - Amado L R, Perez M R, Iniesta - Arandia I, et al. Building ties: social capital network analysis of a forest community in a biosphere reserve in Chiapas, Mexico [J]. Ecology & Society, 2012, 17 (3): 23 - 38.

[64] Martin Persson U, Alpízar, Francisco. Conditional Cash Transfers and Payments for Environmental Services: A Conceptual Framework for Explaining and Judging Differences in Outcomes [J]. World Development, 2013, 43 (3): 124 - 137.

[65] Ring I. Integrating local ecological services into intergovernmental fiscal transfers: The case of the ecological ICMS in Brazil [J]. Land Use Policy, 2008, 25 (4): 485 - 497.

[66] 李政通, 白彩全, 姚成胜. 长江流域经济发展效率与生态环境补偿机制研究 [J]. 统计与决策. 2016, 24: 126 - 134.

[67] 蒋毓琪, 陈珂, 陈同峰, 等. 城镇居民流域生态补偿方式的接受意愿与承受能力研究: 基于基础水价提升视角 [J]. 软科学, 2018, 32 (6): 58 - 61.

[68] 孟钰, 张宽, 高富豪, 等. 基于组合赋权模型的小洪河流域生态补偿效果评价 [J]. 节水灌溉, 2019, (10): 64 - 67.

[69] 李挺宇. 大伙房水源地保护区生态补偿效益研究 [D]. 沈阳: 辽宁大学, 2019.

［70］ 周俊俊，杨美玲，樊新刚，等．基于结构方程模型的农户生态补偿参与意愿影响因素研究［J］．干旱区地理，2019，42（5）：1185－1194.

［71］ 董战峰，郝春旭，璩爱玉，等．黄河流域生态补偿机制建设的思路与重点［J］．生态经济，2020，36（2）：196－201.

［72］ 张来章，党维勤，徐成．水土保持补偿机制中存在问题及其建议与对策［J］．水土保持研究，2009，16（6）：184－188.

［73］ 史荣英．河南省故县水库饮用水水源地保护对策研究［J］．治淮，2015（7）：9－10.

［74］ 谢高地，张彩霞，张雷明，等．基于单位面积价值当量因子的生态系统服务价值化方法改进［J］．自然资源学报，2015，30（8）：1243－1254.

［75］ 刘春腊，刘卫东，徐美．基于生态价值当量的中国省域生态补偿额度研究［J］．资源科学，2014，（1）：148－154.

［76］ 李彩红，葛颜祥．可持续发展背景的水源地生态补偿机会成本核算［J］改革，2013，（11）：106－112.

［77］ 洛阳统计年鉴2018［M］．北京：中国统计出版社，2018.

［78］ 卢氏县县政府2017年卢氏县国民经济和社会发展统计公报［EB/OL］．（2018－4－12）［2021－8－8］http：//www.lushixian.gov.cn/pageView/article.html? pageNum＝1&lmid＝1751&wzid＝465278.